全国高校教材学术著作出版审定委员会审定

乡村安全员培训教程

（初级）

主　　编：崔戴飞　　诸葛毅
副 主 编：裴丽萍
参　　编：卢　艳　　江学金　　李胜琴

学苑出版社

图书在版编目（CIP）数据

乡村安全员培训教程．初级／崔戴飞，诸葛毅主编．
—北京：学苑出版社，2013.7
ISBN 978 - 7 - 5077 - 4339 - 5

Ⅰ．①乡…　Ⅱ．①崔…　②诸…　Ⅲ．①乡村 - 安全管理 - 技术培训 - 教材　Ⅳ．①X92

中国版本图书馆 CIP 数据核字（2013）第 179380 号

责任编辑：郑泽英
封面设计：陈四雄
出版发行：学苑出版社
社　　址：北京市丰台区南方庄 2 号院 1 号楼
邮政编码：100079
网　　址：www. book001. com
电子邮箱：xueyuan@ public. bta. net. cn
销售电话：010 - 67675512、67678944、67601101（邮购）
经　　销：全国新华书店
印　刷　厂：北京长阳汇文印刷厂
开本尺寸：850mm × 1168mm　1/32
印　　张：5
字　　数：129 千字
版　　次：2013 年 8 月北京第 1 版
印　　次：2013 年 8 月北京第 1 次印刷
定　　价：18. 50 元

内容提要

　　乡村安全员培训课程以农村居民的健康安全为中心，以社区和家庭为重点，以解决农村居民常见健康安全问题、促进个人卫生安全和环境卫生安全为目标，注重实用技能，对农村社区居民进行健康安全指导。

　　《乡村安全员培训教程（初级）》共 10 个章节。主要知识框架为：学习目标；学习内容；思考题；参考文献。培训课程中的培训内容包括乡村安全员的工作范围、个人卫生安全、环境卫生安全、饮用水安全、食物安全、用电安全、消防安全、交通安全，野外安全防范知识等方面，而提高农村社区居民的生活质量，是学习的重点内容。

　　培训课程内容涵盖乡村初级安全员的工作范围，通过培训课程的学习与技能训练，能胜任农村社区初级安全员的岗位工作，使学员为农村社区居民个人卫生安全和社区卫生安全建设服务，让农村居民生活得更安全、更健康、更舒适、更幸福。

前　言

　　我国是一个农业大国，农民是社会建设的主力军，农民素质工程纳入了国家的国民经济和社会发展中长期规划，政府发挥着导向作用，一直把"蓝领农民、职业农民、创业农民"的"三型农民"培训，作为转移农民就业的重要途径。2013 年 2 月，国务院发布了《国民旅游休闲纲要（2013 - 2020 年)》，乡村休闲旅游迎来一个更大的发展契机。发展农村旅游经济成为农村经济发展的新增长点，广大农村劳动力转移者从事离土不离乡的第三产业，使农村的生态优势转化为经济优势。近几年，以农家乐休闲旅游业为代表的乡村旅游经济快速发展，农村社区流动人口增加，许多农家乐特色村（点）聚集了来自城市的大批老年游客，居住当地数周或数月，以作休闲疗养。随着农村经济的日益繁荣活跃，公共安全隐患也随之增多，生产安全、交通安全、消费安全等事故呈多发态势。加强对农家乐经营业主和从业人员的培训，提升他们的整体素质和经营水平，提高他们对外来游客健康的维护能力，已经成为当务之急。同时，随着新农村建设的深入推进，农村居民收入的增加，生活水平的提高，农村居民对健康需求的愿望日益强烈，培训课程将由就业为主向多样化需求发展，农民素质提升工程的内涵和外延将得到更大程度的延伸和拓展。以乡村休闲旅游的发展为契机，以农村居民的健康需求为导向，开发农民培训新课程，促进农民培训工作转型升级，使农民

生活得更安全、更健康、更舒适、更幸福，提升社会文明程度，提升乡村经济发展的软实力。

由医学教授、公共卫生高级专业人员、消防专家、电气设备专家等组成了编者队伍，借鉴国外农民培训经验，以区域乡村调研为基础，以乡村实际需求为导向，结合工作实践经验，参考了国内多种农民培训相关教材和相关书籍，选择课程知识点与技能操作项目，优化教学内容，突出地方特色，"为用而学"、"能力为本"、"够用适用"，努力提高培训质量和效果。在农民培训教材初稿试用于农民培训教学实践的基础上，经过共同努力，修改完成《乡村安全员培训教程（初级）》书稿，出版后可应用于乡村初级实用型人才培训。

本教材按照模块化的方式，分章节进行编写，内容通俗易懂，且便于实践操作，主要适用农民学院农民培训教学使用，并且可以作为其他农民培训课程的辅导用书，也可作为科普工作、社区健康教育工作用书，城乡社区卫生服务工作人员和社区保健工作者的参考书，同时也可作为城乡社区居民健康安全维护的参考用书，医学与护理专业学生的课外读物。

乡村安全员培训课程以农村居民的健康安全为中心，以社区和家庭为重点，以解决农村居民常见健康安全问题、促进个人安全和环境安全为目标，注重实用技能，对农村社区居民进行安全指导。乡村安全员培训教程的教材重点主要涉及乡村安全员的工作范围，个人卫生安全，环境卫生安全，饮用水安全，食物安全，用电安全，消防安全，提高农村社区居民的生活质量等。

《乡村安全员培训教程（初级）》共10个章节，建议总学时为48学时。每个章节安排2学时至4学时课堂教学为宜，选上6个至8个章节，共32学时，安排1个至3个项目自学。4次课程实践，共16学时。

乡村安全员培训课程有多种形式，包括课堂教学、培训基地的实践技能训练等。通过培训课程的学习与技能训练，希望学员能掌握个人卫生安全状态评估，环境卫生安全分析，实施安全指导；能及时掌握辖区内的公共安全动态，并做好各类公共安全信息的收储、整理、归档及上报工作，胜任农村社区初级公共安全员的岗位工作。

本教材在编写过程中得到了衢州市农业和农村工作办公室等单位的大力支持与协助，衢州职业技术学院相关专业的教师也为教材编写提供了大量帮助，在此一并表示衷心的感谢！

《乡村安全员培训教程（初级）》的许多方面仍在探索与尝试中，加之编写者水平有限，编写时间紧张，教材中难免有不足之处，需在教学实践中不断改进和完善，恳请大家在使用过程中批评指正，以便再出版时加以修订。

教材编写组

2013 年 5 月 23 日

目　录

第一章 绪 论

学习目标

应知（知识目标）
- 乡村安全员的概念
- 乡村安全的工作范围
- 乡村安全员职责

应会（技能目标）
- 乡村安全规划指导
- 农村安全的综合监督管理和协调

第一节 乡村安全员的概念与职责

当今，世界各国尤其是发达国家和旅游业发达的国家，农家乐正在被越来越多的旅游者所青睐，农家乐已成为旅游业中的重要组成部分。我国农家乐虽然起步迟，但发展迅速，尤其是 20 世纪 90 年代中后期实行"黄金周"假期后，农家乐开发骤然升温。而且近年来，随着现代社会中的竞争越来越激烈，田园牧歌式的生活成为很多都市人的梦想生活方式。"农家乐"旅游就在这样的形势下产生和迅速发展起来了。在很多城市的郊区和广大农村地区，"农家乐"已形成一定规模，成为都市人假日、周末休闲娱乐的一种独特的旅游形式。

当前， "农家乐"没有一个准确的定义，英语为 Agri - tourism。国内比较有代表性的定义分别是由王兵、杜江、舒象连和张家恩给出的。其共同点是都强调农家乐是以乡野农村的风光、生活和活动为基础的、可以满足旅游者娱乐、求知和回归自然等需求的一种旅游活动，它是众多旅游形式中的一种，是隶属于生态旅游的一种专项旅游形式。

浙江省衢州市的"农家乐"通常是指以家庭为基本接待单位，以农业、农村、农事为主要载体，以利用自然环境资源，体验农村活动和农民生活为特色，以旅游经营为目的，集餐饮、娱乐、住宿为一体的场所，其主要特点是经济实惠、有特色且场所规模一般不大。这种形式的产业发展对引导农村劳动力有序转移和稳定就业，适应和推进农业农村经济发展，加强城乡结合，有效增加农民收入，都具有十分重要的作用。

但不能忽视的是近年来农家乐的发展，在旅途交通安全、设施消防安全、农家食品安全、农村安全用电等领域存在着不少的隐患和问题，少数地方因之而引发安全事故。因此加强乡村初级安全教育培训，对于促进和提高农家乐旅游安全和规范管理，促进新型农业职业开发，提高农村劳动力择业就业能力和竞争创业能力等，都具有重要的意义。

乡村初级安全员主要是指从事乡村安全规划指导，推进和实施乡村旅游安全教育，落实新型农村旅游开发设施消防、用电安全，监督食品安全卫生等安全工作的具体工作人员。

第二节　乡村安全员的工作范围

加强农村安全是社会主义新农村建设的迫切需要，也是各级政府的一项重要职责。农村安全关系广大人民群众的切身利益，在构建社会主义和谐社会的进程中具有重要的作用，没有农村的安全，就不可能实现全社会的安全，社会主义新农村建设的目标就不可能实现，农民也就不可能全面享受社会发展的成果。开展农村安全工作，要求安全教育进基层组织、进企业、进校园、进农家，并结合文化、卫生、科技"三下乡"等活动，编印安全手册和宣传资料，送安全意识进基层组织，送安全法规进企业，送安全常识进农家，送安全提醒给游客，提高广大农民和从业人员的守法意识和游人安全防护能力。新型农村安全员工作范围大致包括以下多个方面：

做好农村发展安全规划工作。新农村建设规划应当借鉴城市规划经验，将生产、生活等功能区分开，充分考虑发展，加强安全用电、卫生排污、交通、消防等公共安全基础设施规划建设。将新农村建设安全规划，列入平安创建活动总体布局，将农村安全工作与其他工作同步规划、同步实施、协调推动。

努力争取政府加大对农村安全工作的支持力度，积极拓宽农村安全投入渠道，引导和鼓励生产经营单位进行农村安全投入。推动公安、消防、民政、建设（规划）、交通、电力、质量技术监督、教育、文化和安全生产监管部门加强对农村安全的综合监督管理和协调，共同推动农村安全与经济社会和谐发展。

加强农村安全教育工作，特别是加强对农村中小学消防、交通等安全教育，提高广大师生的安全意识和自我防范能力。中小学生对交通、防火等安全知识应知应会率达到100%，杜绝在马路上上体育课、跑操等。密切家校联系，并通过学生教育家长，影响社会。

加强农村房屋安全管理。加强对农村中小学校、幼儿园、卫生院、诊所、敬老院、教堂、寺庙等危房的排查，加大危房改造力度，提高房屋安全等级。加强对房屋出租的登记管理。

规范农村用电安全管理。督促供电单位加强农村供电设施安装、维修、调整、试验、进网作业管理，定期组织供电线路安全巡查，指导村民加强自有电器的安全检查，及时消除用电隐患。不得在电力设施保护区内进行垂钓、放风筝等可能危及电力设施安全的休闲娱乐活动。

规范农村道路和水上交通安全管理。农村道路要建设配套的安全交通设施并保证完整有效。学校附近、人员密集的路段应当设置警示标志和必要的减速设施，交通干道应当设置必要的人车分流设施，道路、水库、枯井、易滑坡山体、危桥、沟河等事故多发点（段）应当设置必要的安全警示标志。加强浮桥安全管理，禁止私设码头。

规范农业机械和农用车辆、船只安全管理。加强农业机械、农村车辆船只的年检、驾驶人员资格年审和管理，严肃查处无证驾驶、无证车船上路入水和农用车船载客等违章行为，严厉打击非法改装车辆、私自建造船只等行为。接送学生车辆必须经检验合格后方可使用，从严查处超载等违章行为。

加强农村防火安全管理。宣传教育防火灭火知识，大力发展乡镇、农民义务和驻地企业联办等多种形式的农村消防队伍，配备消防设备，落实家庭、企业和森林防火措施，严格控制野外燃火。

规范危险物品安全管理。合理布局农村液化气充装点、加油点，科学建设农村沼气，指导村民安全用气，严厉打击非法液化气充装点、加油点。加强对农药、鼠药及危险化学品生产、储存、销售和使用的监督管理，严禁生产、销售和使用毒鼠强等国家明令禁止的危险物品。严格管理生产、销售、储存易燃易爆等危险物品。

加强农村烟花爆竹安全监管。加强烟花爆竹生产、运输、储存、销售、燃放等全过程监管。烟花爆竹生产应当统一购药、统一储存、统一运输，销售应当统一布点、统一配货。严厉打击农村非法生产、经营、储存、销售烟花爆竹的小作坊、小商店。规范农村烟花爆竹燃放，做好儿童等重点人群烟花爆竹燃放安全教育，严禁在易燃、易爆场所及周边燃放烟花爆竹。

加强农村集会安全管理。举办商品交易会、集市、庆典等活动，应当按照"谁主管、谁负责"的原则，制定安全方案和应急措施，场地选址与公路、易燃易爆企业保持安全距离，加强车辆的管制疏导和销售摊点、进场人员的现场管理，确保安全。

规范农家乐管理。指导"农家乐"经营户规范服务，加大

"农家乐"经营户及周边电力设施保护行政执法力度，组织开展电力设施安全隐患专项排查，及时消除隐患。指导落实消防责任制，组织防火宣传，开展防火检查，指导专兼职防火员开展工作。指导、监督森林防火工作。指导"农家乐"经营户加强对灌溉塘坝、排水沟渠等设施管理；做好涉水娱乐项目的安全保障工作。组织开展"农家乐"住宿卫生安全监管工作，指导实施突发公共卫生事件预防控制与应急处置。监督实施餐饮服务环节食品安全管理规范，开展餐饮服务环节食品安全状况调查和监测工作。监督检查"农家乐"经营户对森林、湿地和野生动植物资源的开发利用。监督商品质量，保护经营者、消费者合法权益。

规范农村资源开发利用与环境生态保护，督促历史文化遗迹保护。

建立乡村安全工作规范档案。

思考题

1. 农村安全员的工作职责？

2. 农村安全员的工作内容？

（裴丽萍）

本篇参考文献

1. 孙兆贤，王福埂，程政. 乡村安全员必读. 第 1 版. 北京：中国矿业大学出版社，2006

2. 王美. 农家乐经营秘笈. 第 1 版. 北京：旅游教育出版社，2011

3. 浙江广播电视大学. 农家乐经营与管理. 第 1 版. 北京：中国林业出版社，2010

第二章　个人卫生安全

学习目标

应知（知识目标）
- 厨师个人卫生要求
- 餐饮服务员个人卫生要求
- 服务人员的个人卫生
- 个人卫生小常识

应会（技能目标）
- 厨师操作流程中卫生要求
- 宾馆服务员的卫生操作要求

第一节　厨师卫生要求

一、厨师个人卫生要求

1. 不用指头尖搔头、挖鼻孔、挖耳屎、擦拭嘴巴。

2. 饭前、大小便后、接触脏物后要认真洗手。

3. 接触菜品等食品、餐具、器皿之前，以及每次开始工作之前，一定要洗手。

4. 工作时不能面对他人、食物、灶台、切配台等咳嗽或打喷嚏。

5. 经常洗脸、洗澡，经常理发、洗头、剪指甲；保证身体清洁无异味。

6. 勤换工服、翻晒被褥、穿戴干净整齐。

7. 不要随地吐痰、便溺等。

8. 不要随地乱扔果皮等废弃物。

二、厨师操作流程中卫生要求

1. 试尝菜肴口味时，应用小汤匙取汤在专用的尝味碟中，尝后将余汁倒掉，不准倒回锅中，彻底废弃传统的直接用手勺尝汤的陋习。

2. 用手拿放干净的餐具、烹饪用具时，不可用手与其内缘直接接触；手持烹饪用具、餐具时，只可接触其柄、底部、边缘，以免污染餐具内部。

3. 用于加工、准备菜品的用具，不可与工作人员身体的任何部位接触。

4. 一般情况下，工作人员的手不宜直接接触菜品，装盘时应使用食夹等工具。

5. 传递菜品时，手指不要直接接触菜品。

6. 餐具、器皿掉落地上后，应先洗涤干净，然后再使用。

7. 熟菜品掉落地上，则应完全丢弃，不可食用。

8. 不可使用破裂的餐具、器皿盛装菜品。

9. 不准在工作时及工作场所中吸烟、吃零食、饮酒、嚼口香糖等。

10. 不准随意在灶台、切配台等菜品加工的设备上坐卧。

第二节　餐饮服务员要求

餐饮服务从业人员的卫生习惯直接影响到餐饮服务食品安全，当然也影响到食用者的身体健康。因此，按照《餐饮服务食品安全操作规范》，从业人员应该做到：

1. 应保持良好个人卫生，操作时应穿戴清洁的工作衣帽，头发不得外露，不得留长指甲、涂指甲油、佩戴饰物。专间操作人员应戴口罩。

2. 操作前应洗净手部，操作过程中应保持手部清洁，手部受到污染后应及时洗手。洗手消毒宜符合相关要求。

3. 接触直接入口食品的操作人员，有下列情形之一的，应洗手并消毒：

（1）处理食物前。

（2）使用卫生间后。

（3）接触生食物后。

（4）接触受到污染的工具、设备后。

（5）咳嗽、打喷嚏或擤鼻涕后。

（6）处理动物或废弃物后。

（7）触摸耳朵、鼻子、头发、面部、口腔或身体其他部位后。

（8）从事任何可能会污染双手的活动后。

4. 专间操作人员进入专间时，应更换专用工作衣帽并佩戴口罩，操作前应严格进行双手清洗消毒，操作中应适时消毒。不得穿戴专间工作衣帽从事与专间内操作无关的工作。

5. 不得将私人物品带入食品处理区。

6. 不得在食品处理区内吸烟、饮食或从事其他可能污染食品的行为。

7. 进入食品处理区的非操作人员，应符合现场操作人员卫生要求。

第三节　宾馆服务员卫生要求

一、服务人员的个人卫生

服务人员的个人卫生，除了穿着按照饭店的规定，保持干净整洁外，还要做到"五勤"、"三要"、"七不"和"两个注意"。

（一）"五勤"的具体内容

1. 勤洗澡。要求有条件的服务员每天洗澡。因为不及时洗澡，身上的汗味很难闻。特别是在夏季，客人闻到后会很反感，这样会影响服务质量。冬天也要每隔一两天就洗澡，应该在工作前洗，以保证服务时身体无异味。

2. 勤理发。男服务员一般两周左右理一次发，不留怪发型，发长不过耳，不留大鬓角，上班前梳理整齐。女服务员发长不过肩，亦不能留怪发型，上班前应梳理整齐。

3. 勤刮胡须。男服务员每天刮一次胡须，保持面部干净整洁。洗睑刮胡须后，用一般的、香味不浓的护肤用品护肤。不要香气很浓地为客人服务，这样会引起客人的反感。

4. 勤刷牙。服务员要养成早晨、晚上刷牙的习惯，餐后要漱口。美丽洁白的牙齿，会给客人留下良好的印象。

5. 勤剪指甲。这是养成良好卫生习惯的起码要求。手指甲内有许多致病细菌。指甲很长很脏，在为客人上菜、斟酒时会让客人很反感。女服务员不允许涂抹指甲油，因为指甲油容易掉，客人看见手指涂有指甲油会产生联想，认为菜中也会有掉下的指甲油。服务员每星期要剪一至两次指甲，勤洗手，保持手部的清洁，这样可减少疾病的传播。

（二）"三要"的内容

在工作前后、大小便前后要洗手，工作前要漱口。

（三）"七不"的内容

在客人面前不掏耳，不剔牙，不抓头皮，不打哈欠，不抠鼻子，不吃食品，不嚼口香糖。

（四）"两个注意"的内容

服务前注意不食韭菜、大蒜和大葱等有强烈气味的食品；在宾客面前咳嗽、打喷嚏须转身，并掩住口鼻。

二、服务员的卫生操作要求

服务人员养成良好的卫生操作习惯，既体现了对客人的礼貌，也是服务素质高的又一体现。具体要求有以下几点。

1. 使用干净清洁的托盘为客人服务。如有菜汤、菜汁洒在托盘内，要及时清洗。托盘是服务员的工具，要养成随时清洁托盘的好习惯。

2. 上餐盘、撤餐盘、拿餐盘的手法要正确。正确拿餐盘的手法是：四个手指托住盘底，大拇指呈斜状，拇指指肚朝向盘子的中央，不要将拇指直伸入盘内。如有些大菜盘过重时，可用双手端捧上台。

3. 运送杯具要使用托盘。拿杯时要拿杯的下半部，高脚杯要拿杯柱，不要拿杯口的部位。任何时候都不要几个杯子套摞在一起拿，或者抓住几个杯子内壁一起拿。

4. 拿小件餐具如筷子、勺、刀叉时，筷子要带筷子套放在托盘里送给客人，小勺要拿勺把，刀叉要拿柄部。

5. 餐用具有破损的，如餐盘有裂缝、破边的，玻璃杯有破口等，要立即挑拣出来，不可继续使用，以保证安全。

6. 服务操作时动作要轻，要将声响降到最低限度。动作要轻，不但表现在上菜等服务上，而且走路、讲话都要体现出这个要求。

7. 餐厅内销售的各种食品，服务人员要从感观上检查其质量，如发现有不符合卫生要求的，则应立即调换。

8. 对有传染病的客人使用过的餐具、用具，不要与其他客人的餐具混在一起，要单独存放、清洗，及时单独做好消毒工作。

第四节　个人卫生小常识

一、饭前、便后要洗手

手是人体的"外交器官"，人们的一切"外事活动"，它都一马当先，比如从事各种劳动、倒垃圾、刷痰盂、洗脚、穿鞋、擦大便等，都要用手来完成。因此，手就容易粘染上许多病原体微生物。科学家做过这样一个调查，一只没有洗过的手，至少含有 4 万 ~40 万个细菌。指甲缝里更是细菌藏身的好地方，一个指甲缝里可藏细菌 38 亿之多。另外有人做过一个试验，急性痢疾病人用5~8层卫生纸，痢疾杆菌还是能渗透到手上，痢疾杆菌在手上可存活3天。流感病毒可在潮湿温暖的手上存活7天。因此，手是很脏的。而且外出旅游、参观学习、执行任务，手经常接触一些物品，都会把手弄脏。特别是传染病患者和一些表面健康实际身体内带有病毒者，常常把致病微生物传播到各种用品用具上，当健康人的手接触后，致病微生物便来到你的手上。如果饭前便后不洗手，就可以把细菌带入口中，吃到肚里，这就是人们常说的"菌从手来，病从口入"。所以要养成勤剪指甲，饭前、便后、劳动后洗手的习惯。

洗手可除掉粘附在手上的细菌和虫卵，用流水洗手，可洗去手上80%的细菌，如果用肥皂洗，再用流水冲洗，时间应超过15秒，可洗去手上99%的细菌。洗手中应注意不能几人同用一盆水，以免交叉感染，互相传播疾病。

二、不随地吐痰、甩鼻涕

痰是呼吸道分泌出来的黏性液体，借咳嗽动作排出体外。吐痰人人皆会，但不一定都具备良好的吐痰方式。有些人不注意保持环境卫生，有痰随地吐，鼻涕甩一地，既影响卫生又有损个人形象。有些所谓"爱卫生"的人，将痰吐在地上，用脚上穿的鞋一抹，以为看不见痰迹就算干净了，就不妨碍卫生和健康了。殊不知痰液中可能含有几百万个细菌、病毒、真菌、支原体等。特别是患有呼吸道疾病的人，如肺结核、流感、流脑等病人痰液里的细菌和病毒更多，前期流行的"非典"更是如此。有人检验一口痰，发现含有几十万个细菌。在人们最讨厌的肺结核病人的一口痰中，能找到几百万个结核杆菌。如果把痰液吐在地上，当痰液干燥后，细菌便随尘土飞扬到空气中，健康人吸入这样的尘埃，就有可能得呼吸道疾病。因此，人人都要养成不随地吐痰的好习惯。有痰要吐在痰盂里，痰盂要每天定时刷洗。在没有痰盂的地方，应把痰吐在废纸上包起来，然后扔进纸篓或垃圾箱里，自觉做到不随地吐痰，维护公共场所卫生。

三、不对别人咳嗽、打喷嚏

咳嗽和打喷嚏是人的一种正常的生理现象，不足为怪。但是，不注意场合，面对别人或食物打喷嚏则是一种既不卫生又不礼貌的行为。据调查，一声咳嗽可喷射出 2 万个很小的飞沫，一个喷嚏射出近 100 万粒的飞沫。而且飞沫喷出的速度很快，不到 1 秒就可以飞出 4.6 米，顺风的话可达 9 米之遥。鼻腔和咽喉部是细菌、病毒聚居最密的地方之一，喷出的飞沫中含有大量的细菌和病毒。一个喷嚏喷出的病菌可高达 8500 万个，这些微小的飞沫可长时间地在空中漂浮，在无风的室内可以漂浮 30～60 分钟，漂浮时间长者可达 30 小时。飞沫的水分蒸发后，细菌和病毒又随尘土飞扬，继续危害人的健康。

我国法定的传染病中，就有 15 种是借助空气传播的（如流感、麻疹、水痘、流腮、支原体肺炎等）。因此，为了大家的健康，在咳嗽和打喷嚏时就应该注意礼貌和卫生，尤其是患有呼吸道传染病的人，更应该自觉注意。如果在面对人或食物忍不住打喷嚏时，应当立刻掏出手巾或面巾纸，掩住口和鼻子。实在来不及也要转身背向他人或食物，并用手捂住口和鼻子。

四、不吸烟

吸烟有百害而无一利，已为全世界的科学界所公认。烟草的烟雾中含有 3000 多种有害物质。其中主要有烟碱（尼古丁）、烟焦油、轻氟酸、丙烯酸和一氧化碳等。尼古丁是一种有毒物质，烟焦油里含有亚硝胺、酚类、砷及放射性同位素等，这些都是致癌物质或促癌物质，尤其是苯并芘是公认的强致癌物质。据统计，每天吸 40 支香烟的人，肺癌的发病率比不吸烟者高 70 倍。此外，吸烟与唇癌、喉癌、食管癌、胃癌等也密切相关。吸烟能促进全身动脉硬化和高血压的发展，因此吸烟者的心血管和脑血管病发病率与死亡率比不吸烟者高。另外，吸烟者易发生感冒、鼻炎、鼻窦炎、气管炎、支气管炎、肺气肿等。还有研究表明，吸烟与男性阳痿有关。

有人说吸烟能提神，提高工作效率。其实，这是一种误解。现代医学研究认为，尼古丁对中枢神经系统的作用具有两重性，即先兴奋后抑制。所以，长期大量吸烟的人，大脑皮层的兴奋与抑制过程失去平衡，反而呈现疲劳、失眠、记忆力减退、注意力分散、工作效率下降等。许多与吸烟有关的疾病的潜伏期都是很长的，不像吃了剧毒物反应那么快。所以在短时间内，人们往往看不出它的危害。从开始吸烟到导致死亡，要经过几十年的时间。这也是一般人对吸烟危害性认识不足的主要原因。

我国有2亿~3亿人吸烟，占全国人口的1/5还多，占全世界10亿~12亿烟民的1/4，不仅每年要消耗大量的金钱，而且多年以后国家和个人要为治疗吸烟造成的各种疾病投入难以想象的金钱。目前，欧美国家已经看到了吸烟的巨大危害，用法律的、经济的、政治的多种手段使群众吸烟率大幅度下降。例如美国法律明确规定，向18岁以下的青少年出售香烟，将被处以严厉的罚款，甚至被起诉到法院。而我国目前由于还处在改革开放中，有些法律还不健全，有的部门还将香烟作为创造巨额利润的法宝，年轻人将手里拿或嘴里叼一支香烟看成是成熟的标志，甚至现在有的女性也加入烟民的队伍之中。国外一著名学者预计，中国20岁以下的青年人中，今后将有5000万左右的人死于吸烟。吸烟，也许能给你带来一点暂时的欢乐，但是它带给你更多的是灾难、疾病和死亡。

五、不过度饮酒

适量饮酒可以促进血液循环，活血化淤，祛风散寒。但是，过量饮酒摧残着人们的健康，也可以诱发各种事故和违纪现象（司机更是如此）。饮酒过量而产生酒精中毒，即醉酒，是由于服用过量酒精后所引起的一种中枢神经系统兴奋或抑制状态。人的口腔黏膜、胃肠壁都有吸收酒精的能力。酒精进入口腔后，首先被口腔黏膜吸收，如果口腔有疾病，吸收酒精的能力可能会增加，但为数还是甚微。大量的酒精由胃壁、肠壁来吸收。胃大约吸收25%，肠吸收75%。因此，肠胃特别是小肠乃是酒精的主要通道。酒精被吸收后，将通过门静脉进入肝脏，以后又通过血液均匀地渗入各内脏和组织。酒精进入人体，速度相当快。当空腹饮酒，第一个小时就可吸收60%，一个小时后，可高达90%以上。而酒精在体内气化和排泄较慢，因此，大量的酒精积累在血液或组织中。酒精本身对中枢神经系统、呼吸中枢、心脏、肝脏功能等都有抑制和毒害作用。它首先作用于脑干网状体。平时，上行性网状抑制系统对大脑皮质起着抑制作用。一般认为，当血液中酒精浓度达到0.1%时，由于网状体受到酒精的麻痹，皮层下的低级中枢则因抑制降低，致使大脑皮质的机能亢进，人就显得活跃，爱唠叨，甚至由于兴奋而变得暴躁和蛮横，不能控制自己的语言和行动，这就是平常说的出现醉意，此时饮酒者出现颜面潮红、心跳加快、精神兴奋、豪言壮语、头痛脑胀等现，这就是急性酒精中毒的早期即兴奋期。此时只要停止饮酒，经过休息后完全可以恢复正常，反之，如果继续饮酒，当血液中酒精浓度达到0.2%左右时，就进入醉酒之中期，即共济失调期。有的人会因酒醉失态，走路摇摆，甚至醉卧路旁、桥头等地方。当醉酒者出现面色苍白，体温下降，口唇发紫，大、小便失禁，昏睡不醒，甚至昏迷，此时已进入酒精中毒的晚期。如昏迷持续4小时以上者，多预后不良，容易出现严重后遗症。现代医学研究表明，当酒精浓度达到0.6%时则常导致死亡。

醉酒的损害是全身性的，其后果相当严重。我国一学者通过解剖47具因醉酒死亡的尸体，发现所有死亡者的内脏广泛充血，尤其是胃及十二指肠的黏膜充血、水肿和出血更为严重，部分胃肠黏膜可发生坏死。许多学者指出，一次大量饮酒可导致大脑皮层呈高度抑制状态，并对呼吸、循环中枢产生抑制而致使呼吸骤停，这是醉酒者常见的致死原因。

六、不喝不洁净水、生吃瓜果应洗净或削皮、不随地大小便、不乱扔废物、勤晒衣服被褥等

七、常见的似是而非的"卫生习惯"

1. 用卫生纸擦拭餐具、水果和面部：许多卫生纸未经消毒处理或消毒不彻底，其中的填料或粉屑也很容易残留在餐具或水果上，进入人体会影响健康。所以，用卫生纸擦拭餐具、水果和面部是不妥的。

2. 用抹布擦干餐具和水果：在一般家庭，抹布是多用途的，既用其擦桌子又用其抹餐具。如不经常消毒、清洗或晾晒，潮湿而富有营养的抹布适合多种病原微生物的繁殖。与其用抹布擦干餐具、水果，不如不擦更卫生。

3. 用"餐洗净"清洗餐具、果蔬："餐洗净"是一种家居清洗用品，可用来洗涤餐具、蔬菜和水果，以去除餐具上面的油污和果蔬上残留的农药，已成了人们生活中必不可少的日常用品。可是，很少人知道，含有烷基苯磺酸钠的"餐洗净"，对人体健康有害。要想减少"餐洗净"对人体健康的危害，在用"餐洗净"洗蔬菜、水果时，要注意浓度不要过高，一般0.2%左右为好；浸泡时间以5分钟为宜，浸泡后还需反复用流水清洗。餐具冲洗也是如此。另外，不要买地摊上散装的"餐洗净"，因为这样的"餐洗净"大多不合格。

4. 用纱罩罩食物：夏天用纱罩罩食物可防止苍蝇的直接污染，但不能一盖了之。因为苍蝇在纱罩上产下的虫卵和身体上的污物仍然会从纱罩空隙落下污染食物。所以，应多管齐下采取防蝇措施，最好将苍蝇拒之门外。

5. 餐桌上铺塑料布：有的桌布由聚氯乙烯制成，其中含有有毒的游离基。餐具经常接触这种塑料布，有毒物质就会借助食物进入人体，从而导致慢性中毒。所以，家庭不要使用这种含毒的塑料桌布。在外就餐时，不要将筷子直接放在铺有塑料布或塑料薄膜的桌面上。此外，也不要使用油漆筷子。

6. 用白纸包食品：白纸看起来干净，其实并不卫生。由于在白纸生产过程中要使用一定量的漂白粉，容易引发化学反应，并能产生许多有害物质，如过氧化物。这些物质进入人体可引起关节酸痛、头痛、失眠，还可导致肝癌和不育等病症。

7. 变味的食物加热后吃：许多人认为食物中毒是由变质食物中的细菌引起的，若将变质食物煮沸了再吃，细菌便会被全部杀死，吃了就会平安无事。其实，变质食物煮后再吃，虽然危险减小了一些，但仍然很不安全。如引起食物中毒的肉毒杆菌和金黄色葡萄球菌，其产生的毒素即使被高温加热也不会被分解破坏，吃了被这种毒素污染的食物仍然会引起中毒，甚至死亡。

8. 把水果烂的部分削掉再吃：有一些人认为把水果烂的部分削掉了再吃就没事了，其实不然。这是因为即使把腐烂部分削去，其剩余部分早已被含有细菌及其代谢产物的腐烂水果的果汁所浸染。吃了这样的水果，轻者引起胃肠道不适，重者可导致急性胃肠炎，甚至导致人体细胞突变或癌变。

9. 手帕一物多用或与他物混放：一块手帕既擦鼻涕又揩嘴巴，是不卫生的。不经常清洗或与他物放在一起的手帕极易引起上呼吸道感染或面部疖肿等疾病。由于纸币、钥匙等物带有大量的病菌和虫卵，容易污染手帕。用这样的手帕擦手、揩嘴的人易患肠道传染病和寄生虫病。所以，手帕要经常清洗，保持其清洁；最好随身带两块手帕，一块擦鼻子，一块擦嘴巴；手帕不宜与纸币、钥匙等杂物混放，以免手帕被污染。

10. 长期使用带有茶锈的杯子：有人认为茶锈是茶水长期沉积形成的，无害，故平时很少去洗，其实这是错误的。茶锈中含有多种有害物质，可导致肾脏、肝脏、胃肠等器官发生病变。

11. 经常去除铝锅内的棕色锈：这样做铝锅看起来干净了，而实际上却去掉了铝锅表面的一层保护膜。因为铝锅上的棕色锈是铝的一种氧化物，能阻止铝溶解到含水饮食中，从而减少人体对铝的吸收，有利于预防老年痴呆症。

12. 用废旧日光灯管晾毛巾：有的家庭用废旧日光灯管晾毛巾或手帕，认为很卫生。殊不知，灯管两端被锈蚀或灯管本身有

— 16 —

裂缝，管内的水银、荧光粉及少量氨气等有毒物质就会逐渐渗出或挥发，污染毛巾或手帕，从而危害人体健康。若进入眼睛，可造成视力减退甚至失明。这些有毒物质还会污染室内空气，引起慢性中毒。

13. 酒后、饭后立即洗澡：患有心脏病的人酒后立即用凉水洗澡，会因心脏负担过重而导致死亡。即使是正常人，也不宜饭后立即洗澡。因为洗澡时会使四肢和体表的血流量增加，而减少胃肠的血液供应，从而影响胃肠的消化功能。

14. 有痰不吐：随地吐痰是不文明的生活习惯，应当弃之。但有痰不吐，咽到肚子里，也是不好的习惯。因为这样做会将痰中的各种致病微生物和寄生虫幼虫食入体内，发生相应的感染甚至疾病。

15. 牙刷头倒放在杯内：刷牙后，将牙刷头朝下放在洗漱杯内，牙刷间的一些食物残渣便成为细菌的营养源，使其大量繁殖。再刷牙时，牙刷中的细菌及其分解产物就有可能侵入体内，进而影响健康。

16. 用公用香皂洗手：用香皂洗手是为了清洁卫生，但如果你是用公共场所洗手间的香皂洗手，那结果可能恰好相反。健康人和不健康的人共用一块香皂，使细菌、病毒有了传染机会，香皂则充当了疾病传播的媒介。另外，洗手毕关水时应先用水冲洗一下水龙头，以免洗净的手因接触开关而重新带菌。

17. 便后洗手而便前不洗手：大、小便后洗手可防止寄生虫卵和肠道病原菌的传播，但与此相比，便前洗手更为重要，而这一点却常被人们所忽视。便前如不洗手，你手上的各种病原体可能借助手触及外生殖器官和会阴部而引起感染。在性病高发的今天，便前洗手更为重要。

18. 便后卫生纸向前擦：这种做法是极不卫生的，尤其是妇女，很容易引起泌尿、生殖道感染。因为这样做，粪便中的各种致病微生物和寄生虫卵，很容易经卫生纸污染女性外阴部，引起外阴部的感染，甚至逆行向上，引起内生殖器和泌尿系统的感染。

思考题

1. 厨师操作流程中的卫生要求？

2. 服务人员的个人卫生要做到哪"五勤"、"三要"、"七不"和"两个注意"？

3. 服务员的卫生操作要求？

4. 常见的似是而非的"卫生习惯"？

（裴丽萍）

本篇参考文献

1. 陈锡江. 餐饮服务食品安全监管实务一本通. 第2版. 广州：广东科技出版社，2011

2. 国家食品药品监督管理局食品安全监管司. 餐饮服务食品安全监管第4辑. 第1版. 北京：中国医药科技出版社，2011

3. 浙江广播电视大学. 农家乐经营与管理. 第1版. 北京：中国林业出版社，2010

4. 李敬鹉. 公共卫生教育读本. 第1版. 北京：中国法制出版社，2003

5. 中华人民共和国农业部. 农村公共卫生100问. 第1版. 北京：中国农业出版社，2009

6. 王旭辉. 乡村旅游的公共卫生及安全. 第1版. 贵阳：贵州科技出版社，2007

7. 国家食品药品监督管理局. 餐饮服务食品安全操作规范（国食药监食〔2011〕395号）. 中国食品安全报，2011

第三章 环境卫生安全

学习目标

应知（知识目标）

- 餐饮场所环境卫生。
- 住宿环境卫生。
- 农村周围环境卫生。
- 家庭消毒方法。

应会（技能目标）

- 餐饮场所的清洁和维护方法。
- 住宿场所的清洁和维护方法。
- 农村周围环境卫生综合整治。
- 常见的家庭消毒方法。

第一节 餐饮场所环境卫生

一、餐桌下方，餐厅墙角和餐厅的植物保养

1. 餐厅中台面上和过道地板处

餐厅中台面上和过道地板处应保持清洁。

2. 餐桌下方

应该经常检查餐桌，注意餐桌的底部是否有裂缝和污垢，是否积累灰尘和油渍，桌底很脏，需要加以消毒处理，以免给用餐者带来负面效应。

3. 餐厅墙角

每次的日常清洁过程，容易在墙角等地方留下油渍和灰尘，久而久之，就会形成非常顽固的污点，而变得特别难以清理，因

此对于墙角、窗台这样不是每次清洁都能照顾到的位置，可以每天两次安排固定的清洁员做特别的保洁和养护。一次在下午3点，一次在晚上11点左右。

4. 植物保养

店内的植物必须保持良好、干净，在餐厅种植的一般都是绿色的观叶的植物，对于这些花草可以采买专门的溶液进行保养和维护。对于空间比较大，人员流动一般的餐厅，3天一次完全可以满足需要。植物的维护程度是要看不到落叶和枝端的枯黄，更不能见到虫害和斑点。浇水选择早晚两次，要重视植物的排水，及时清理。为了避免虫害，可以挑选不同的植物进行搭配和穿插摆盆。

二、从厨房到餐厅的通道清洁维护

有人说："厨房没有干净的。"为了避免给顾客留下这样的印象，经营者就应该特别重视从厨房到餐厅之间的通道清洁，对于没有通道只有传递菜品的窗口的小型餐厅，也应在连接的部分做特别的清洁和整理，让就餐的客人感觉到餐厅的秩序和条理。

1. 千万不能在通道和连接处堆放太多的东西，尽量避免在就餐的高峰期运输餐厅的原料和供给，如果是非常必要的东西要做暂时的堆积和存放，应该在餐厅门外设置专门的提示牌，注明正在工作的项目，这样可以提醒餐厅侍者也能引起顾客的注意，免除意外事情的发生。

2. 在餐厅连接处保持空气的流通和照明程度适中，如果不想让客人们看到餐厅后厨的工作状态，可以用隔断或帘布做必要的遮挡，这个部分最好能在餐厅设计时做特别的搭配，切记不要做得太醒目和别致，以免引起客人的特别重视，餐厅的后厨房难免会有油腻和油烟，对于那些排烟设备不是太好的小餐厅，更要重视这个地方的清洁。可以在每次餐后都派清洁员进行简单的清理，重视面对餐厅一面的特别清洁。

3. 对于通道处不停地递菜和穿梭，很有可能会洒落菜汁和菜品，清洁员要及时进行清理，应该用速干的方法处理，如果地板过于湿滑，可能产生新的状况。

三、卫生间和洗手池的周边环境问题

卫生间的设计应该做特别的处理和区分，如果原结构不能改变，还可以参照下面的方式，进行日常的清洁和保持。

1. 用"降温法"来排除小便的味道，在便池上另装冷却装置，降温后，再将小便的气味直接输送到户外，以一般餐厅平均两个男式小便池计算，每一次需用 3 公斤的冰块，每天以 10 次计算用量。

2. 另外，在马桶内装置排气的设备，直接通到户外，这个举措同样重要，也可以在排出户外之前，先用除臭剂除臭。

3. 把卫生间的空间相对留大，不要在卫生间内堆放过多杂物，如果人流达到一定程度，请保持每半小时清洁一次，在卫生间的适当角落可以设置相对的清新装置，但不要选择过于浓郁的香气和过于刺激的气味，这样可能会降低人们的舒适感。

所有人应该时刻感到自己是餐厅里的榜样，你的言谈举止完全能够左右就餐者对这个餐厅的印象。

第二节　住宿环境卫生

住宿场所建设宜选择在环境安静，具备给排水条件和电力供应，且不受粉尘、有害气体、放射性物质和其他扩散性污染源影响的区域，并应同时符合规划、环保和消防的有关要求，并进行卫生学评价。

场所设置与布局上应当设置与接待能力相适应的消毒间、储藏间，并设有员工工作间、更衣和清洁间等专间。客房不带卫生间的场所，应设置公共卫生间、公共浴室、公用盥洗室等。公共卫生间应当远离食品加工间。

客房净高不低于 2.4 米，内部结构合理，日照、采光、通

风、隔声良好。内部装饰材料应符合国家有关标准，不得对人体有潜在危害。客房床位占室内面积每床不低于 4 平方米。含有卫生间的住宿客房应设有浴盆或淋浴、抽水马桶、洗脸盆及排风装置；无卫生间的客房，每个床位应配备有明显标记的脸盆和脚盆。

　　客房内环境应干净、整洁，摆放的物品无灰尘，无污渍；客房空调过滤网清洁、无积尘。

　　住宿场所宜设立一定数量的清洗消毒间，清洗消毒间面积应能满足饮具、用具等清洗消毒保洁的需要。配有拖鞋、脸盆、脚盆的住宿场所，消毒间内应有拖鞋、脸盆、脚盆专用清洗消毒池及已消毒用具（拖鞋、脸盆、脚盆等）存放专区。

　　住宿场所宜设立一定数量储藏间。储藏间内应设置数量足够的物品存放柜或货架，并应有良好的通风设施及防鼠、防潮、防虫、防蟑螂等预防控制病媒生物设施。

　　公共浴室应分设男、女区域，按照设计接待人数，盥洗室每 8～15 人设 1 只淋浴喷头，淋浴室每 10～25 人设 1 只喷头。

　　公共卫生间应男、女分设，便池应采用水冲式，地面、墙壁、便池等应采用易冲洗、防渗水材料制成。卫生间地面应略低于客房，地面坡度不小于 2%，并设置防臭型地漏。卫生间排污管道应与经营场所排水管道分设，设有有效的防臭水封。公共卫生间应设有独立的机械排风装置，有适当照明，与外界相通的门窗安装严密，纱门及纱窗易于清洁，外门能自动关闭。卫生间内应设置洗手设施，位置宜在出入口附近。男卫生间应按每 15～35 人设大小便器各 1 个，女卫生间应按每 10～25 人设便器 1 个。便池宜为蹲式，配置坐式便器宜提供一次性卫生座垫。

　　住宿场所宜设专用洗衣房。洗衣房应依次分设棉织品分拣区、清洗干燥区、整烫折叠区、存放区、发放区，做到分拣、清洗、干燥、修补、熨平、分类、暂存、发放等工序分开，防止交叉污染。

住宿场所应有完善的给排水设施，供水水质符合《生活饮用水卫生标准》要求。如场所内供水管网与市政供水管网直接相通，场所内供水管网压力应小于市政供水管网压力，并有防止供水向市政供水管网倒流的设施。排水设施应当有防止废水逆流、病媒生物侵入和臭味产生的装置。

住宿场所室内应尽量利用自然采光。自然采光的客房，其采光窗口面积与地面面积之比不小于1：8。不宜将暗室作为客房。

住宿场所应设置防鼠、防蚊、防蝇、防蟑螂及防潮、防尘等设施。与外界直接相通并可开启的门窗应安装易于拆卸、清洗的防蝇门帘、纱网或设置空气风帘机。排水沟出口和排气口应设有网眼孔径小于6毫米的隔栅或网罩，防止鼠类进入。机械通风装置的送风口和回风口应当设置防鼠装置。

住宿场所室内应设有废弃物收集容器，有条件的场所宜设置废弃物分类收集容器。废弃物收集容器应使用坚固、防水防火材料制成，内壁光滑易于清洗。废弃物收集容器应密闭加盖，防止不良气味溢散及病媒生物侵入。住宿场所宜在室外适当地点设置废弃物临时集中存放设施，其结构应密闭，防止病媒生物进入、孳生及废弃物污染环境。

第三节 农村周围环境卫生

农村环境卫生综合整治主要包括"两清两改"，即清理垃圾、清理河道和改水、改厕。这四项工作要互相结合、分步推进，才能彻底改变农村环境卫生状况。

一、农村环境卫生综合整治的"两清两改"

1. 清理垃圾。对所有农村村头地角、河边沟渠、房前屋后、公共场所、室内室外等存量垃圾，进行全面清理，并加强监督管理。重视畜牧业粪便的综合、生态处理（集中、沼气化处理）。

垃圾清理要达到"三有两无"。"三有"即：一有工作网络，村（居）环卫清扫保洁队伍健全，区、镇（街道）、村（居）三级网络健全完善。二有环卫设施，村有卫生设施，垃圾清运、清扫器具齐备，建成垃圾中转站或填埋场。三有保障机制。建立环卫投入机制，环卫设施建设经费要分级落实。"二无"即：一无暴露垃圾；二无乱堆乱放。农村环卫清扫保洁工作基本实现全覆盖。

2. 清理河道。加快推进农村河道综合治理工程建设步伐，提高农村河道抗旱排涝标准，加强水资源的优化配置和保护作用，全面改善城乡水域环境，努力实现农村河道"水清、流畅、岸绿、景美"的目标。对农村河道实施清障、清淤，改造完善水利设施，保持水体流动，恢复农村河道综合功能。加大水政管理力度，建立河道的长效管理维护机制，落实河道保洁、管护责任，禁止倾倒垃圾、粪便或者丢弃其他废弃物，禁止直排生产、生活污水。

3. 改水。加大农村饮用水工程建设力度和加快农村饮用水工程建设进度，要切实保护好饮用水源，确保饮用水安全。

4. 改厕。加快农户卫生厕所、三格式化粪池和沼气化粪池的建设，农村居住区要全面清除露天粪坑，建设公共厕所。加强已建公共厕所管理，公共厕所要达到无蝇、无蛆、无臭、粪便无害化处理的"四无"要求的卫生厕所。

二、农村绿化美化和环境保护工作

1. 村庄绿化规划

按照"因地制宜、突出重点、分类推进、注重实效"的原则，科学制定村庄绿化规划布局。绿化规划与新农村建设规划、河塘疏浚整治规划、农田道路建设规划、改水改厕规划相结合，注重体现江南水乡、山区丘陵特色，把绿化美化作为一项重要的基础设施建设纳入农村总体发展规划，统筹考虑。

2. 农民公园及公共绿地

在保护原有生态环境的前提下，鼓励建设农民公园及高规格、高标准的公共绿地，突出整体景观效果。优先发展庭院绿化和围村绿化，发展"一村一品"庭院经济，加强家前屋后绿化，建设围村林。充分利用村庄原有的绿化成果，做到发展和保护并重、改造和建设并举。在加快村庄绿化建设的同时，加强对村庄森林资源、古树名木和绿化成果的保护，尽量地保留村民家前屋后的乡土树种，充分体现"一棵树讲述一段历史"的生态文化氛围，尽量体现乡村气息，实现生态、景观和经济效益的统一。通过科学规划，合理布局，做到常绿与落叶结合，乔木与花果搭配，力求达到"春花、夏叶、秋果、冬青"的效果，努力实现"村外有林环绕、村内绿树成景、庭院花果飘香"的农村新景观。

第四节　家庭消毒方法

居家过日子，经常给室内进行消毒，可以有效地预防疾病的感染和传播。下面为大家列出几种家庭常用消毒方法。

1. 空气清洁消毒法。室内空气想要保持清新，必须经常开窗通风换气，特别是春季更应注意。每次开窗 15～30 分钟，使空气流通，病菌排出室外。

2. 煮沸消毒法。煮沸能使细菌的蛋白质凝固变性，消毒时间要从水沸腾后开始计算，经过 15～20 分钟便能杀灭一般病菌，小儿的食具，以及能煮沸的用具，如奶瓶、碗筷、匙、纱布、毛巾、病人每次用过的餐具和某些儿童玩具适宜采用这种方法消毒，被消毒物品要全部浸没在水中。

3. 蒸笼消毒法。利用蒸笼作为消毒工具。消毒时间从水沸腾并冒出蒸汽后开始计算，经过 12～20 分钟便可达到消毒目的。这种方法适合消毒衣服和餐具、包扎伤口用的纱块等。

4. 日光消毒法。日光中的紫外线具有良好的天然杀菌作用，物品在日光下直接曝晒 6 小时。注意别隔着玻璃窗，不然达不到消毒的目的。平时经常晒被褥、床垫，可以达到杀菌防病和防潮等效果，特别是高海拔多雾的高山地区效果更为显著。曝晒时应注意翻动物品，使各个面都能直接受日光照射而起到消毒作用。

5. 药物消毒法。药物消毒的种类较多，由于药物消毒效果与药物的稀释比例或浓度相关，稀释比例或浓度不当，不能很好发挥药物有效成分作用，达不到消毒目的。一般家庭常用消毒用品和方法如下。

（1）食醋消毒法。食醋中含有醋酸，具有一定的杀菌能力，可进行室内空气消毒。一般居住房间用食醋100～150克，加水2倍，放瓷碗中，用温火慢蒸。蒸时要关闭门窗，这种方法对预防呼吸道传染病有良好的效果。

（2）酒精。酒精能使细菌中蛋白质凝固。常用于皮肤消毒的酒精浓度以75%为宜。此浓度也可用于钳、镊子和体温表的浸泡，浸泡30分钟即可，浸后备用。注意浸泡液每周应更换2次，并加盖保存，以免酒精蒸发而失效。95%的酒精则用于燃烧灭菌，如镊子、钳子等急用时可用此法。一般低于70%的酒精不能起到消毒灭菌作用，50%的酒精可用于涂搽长期卧床病人的皮肤，防止褥疮；也可用于高热降温擦浴。

（3）碘酒。碘酒有较强的灭细菌和杀霉菌作用。用于静脉穿刺前、手术前皮肤消毒和皮肤疖肿早期的消炎，以2%浓度为宜。使用时先将2%碘酒涂搽于需消毒的皮肤，待20～30秒钟，再用75%酒精脱碘即可。若碘酒浓度过高对皮肤有刺激作用，高浓度碘酒会使皮肤灼伤。故黏膜部位，如会阴、肛门、阴囊、眼、口、鼻等，以及幼小婴儿由于皮肤娇嫩，尽量少用碘酒消毒。尤其是对碘过敏者应禁止接触。

（4）漂白粉消毒法。漂白粉能使细菌体内的酶失去活性，以致死亡。漂白粉常用于饮水、食具、痰盂、便盆等消毒。0.003%～0.015%用于饮水消毒。如井水水面直径1米，水深每0.3米中需加入漂白粉1～3克，30分钟后即可饮用。0.5%用于食具、痰盂、便盆等消毒，一般浸泡30分钟。若肝炎病儿的食具应用1%~2%浓度的漂白粉浸泡1~2小时；1%~3%用于病儿居室墙壁、地面及家具的喷洒消毒。对肝炎等传染病人的排泄物，干粪按2∶5，稀便按1∶5，搅拌，加盖放置2小时；尿液则每100毫升中加入漂白粉0.5~1克，放置10分钟后掩埋或倒入厕所。由于漂白粉具有褪色、腐蚀金属作用，故使用时应避免接触有色衣物及金属制品，如布类消毒后应立即清洗，以免腐蚀。溶液宜临时配制，久放易失效。

（5）石灰消毒法。病人呕吐物、大小便可以用生石灰消毒。因为生石灰能使病菌的蛋白质凝固变性。1份呕吐物或排泄物可加2份生石灰搅拌，2小时后再倒入厕所坑里。室内或排水暗沟也可撒上一些生石灰粉杀菌消毒。

思考题

1. 餐桌下方、餐厅墙角和餐厅的清洁维护？
2. 卫生间和洗手池的周边环境维护？
3. 住宿场所的卫生要求？
4. 农村综合整治的"两清两改"？
5. 常见的家庭消毒法有哪些？

（裴丽萍）

本篇参考文献

1. 周莉. 农村乡镇及社区环境卫生. 第1版. 贵阳：贵州科技出版社，2007

2. 牛冬杰，秦峰，赵由才. 市容环境卫生管理. 第1版. 北京：化学工业出版社，2007

3. 贾树队. 环境卫生培训教材. 第1版. 北京：中国医药科技出版社，2001

4. 李敬鹉. 公共卫生教育读本. 第1版. 北京：中国法制出版社，2003

5. 中华人民共和国农业部．农村公共卫生 100 问．第 1 版．北京：中国农业出版社，2009

6. 王旭辉．乡村旅游的公共卫生及安全．第 1 版．贵阳：贵州科技出版社，2007

7. 范春，王蕊．环境卫生与健康 365．第 1 版．赤峰：内蒙古科学技术出版社，2001

第四章　饮用水安全

学习目标

应知（知识目标）

● 饮用水的基本卫生要求。

应会（技能目标）

● 应急用水的净化和消毒处理方法。

第一节　饮用水的卫生要求

生活饮用水卫生标准是从保护人群身体健康和保证人类生活质量出发，对饮用水中与人群健康的各种因素（物理、化学和生物），以法律形式作的量值规定，以及为实现量值所作的有关行为规范的规定，经国家有关部门批准，以一定形式发布的法定卫生标准。

1985 年卫生部组织饮水卫生专家结合国情，吸取了世界卫生组织（WHO）《饮用水质量标准》和发达国家饮用水卫生标准中的先进部分，制定了《生活饮用水卫生标准》，将水质指标由 23 项增至 35 项，由卫生部以国家强制性卫生标准发布（GB5749 - 85）增加了饮用水卫生标准的法律效力。该标准于 1985 年 8 月 16 日发布，1986 年 10 月 10 日实施，共五章22 条。（分总则、水质标准和卫生要求、水源选择、水源卫生防护和水质检验。）生活饮用水卫生标准可包括两大部分：法定的量的限值，指为保证生活饮用水中各种有害因素不影响人群健康和生活质量的法定量的限值；法定的行为规范，指为保证生活饮用水各项指标达到法定量的限值，对集中式供水单位生产的各个环节的法定行为规范。

2001 年 6 月，卫生部颁布了《生活饮用水卫生规范》，该规范共包括生活饮用水水质卫生规范、生活饮用水输配水设备及防护材料卫生安全评价规范、生活饮用水化学处理剂卫生安全评价规范、生活饮用水水质处理器卫生安全与功能评价规范、生活饮用水集中式供水单位卫生规范、涉及饮用水卫生安全产品生产企业卫生规范和生活饮用水检验规范。2006 年，卫生部会同各有关部门对 1985 年版《生活饮用水卫生标准》（GB 5749—85）修订为《生活饮用水卫生标准》（GB 5749—2006）。2006 年 12 月 29 日由国家标准委和卫生部联合发布。同时发布的还有 13 项生活饮用水卫生检验方法国家标准。新版《生活饮用水卫生标准》（GB 5749—2006）标准与国际接轨，统一了城镇和农村饮用水卫生标准，规定自 2007 年 7 月 1 日起全面实施。

一、生活饮用水的水质标准

生活饮用水水质标准共 35 项。其中感官性状和一般化学指标 15 项，主要为了保证饮用水的感官性状良好；毒理学指标 15 项、放射性指标 2 项，是为了保证水质对人不产生毒性和潜在危害；细菌学指标 3 项，是为了保证饮用水在流行病学上安全而制定的。

（1）为防止介水传染病的发生和传播，要求生活饮用水不含病原微生物。

（2）水中所含化学物质及放射性物质不得对人体健康产生危害，要求水中的化学物质及放射性物质不引起急性和慢性中毒及潜在的远期危害（致癌、致畸、致突变作用）。

（3）水的感官性状是人们对饮用水的直观感觉，是评价水质的重要依据。生活饮用水必须确保感官性状良好，适于居民饮用。

二、生活饮用水水源水质卫生要求

（一）采用地表水为生活饮用水水源

用户直接从地表水源取水，未经任何设施或仅有简易设施的供水方式。水源选择、水质鉴定、水源卫生防护应符合 GB 3838 要求。

（二）采用地下水为生活饮用水水源

用户直接采用地下水为生活饮用水水源，未经任何设施或仅有简易设施的供水方式。水源选择、水质鉴定、水源卫生防护应符合地下水质量标准 GB/T 14848 要求。

（三）集中式供水

自水源集中取水，通过输配水管网送到用户或者公共取水点的供水方式，包括自建设施供水。为用户提供日常饮用水的供水站和为公共场所、居民社区提供的分质供水也属于集中式供水。在新建或改建集中式给水时，对水源选择、水源防护和工程设计要符合本准则及有关标准、法令的要求，事先认真审查设计，事后组织竣工验收，经卫生行政部门同意后，方可投入使用。供水单位必须保证水质符合本准则的要求。集中式给水除根据需要具备必要的净水设施外，必须进行消毒，保证正常运转，并建立健全管理制度和操作规程，以保证供水质量。集中式供水单位的卫生要求应按照卫生部《生活饮用水集中式供水单位卫生规范》执行。村镇供水单位资质标准要符合 SL 308 的规定。

（四）二次供水卫生要求

集中式供水在入户之前经再度储存、加压和消毒或深度处理，通过管道或容器输送给用户的供水方式。保证居民生活饮用水水质符合安全卫生，达到国家《生活饮用水卫生标准》的要求，保护人民的身体健康，二次供水的设施和处理要求应按照二次供水设施卫生规范 GB 17051 执行。

三、涉及生活饮用水卫生安全产品卫生要求

（一）处理生活饮用水采用的絮凝、助凝、消毒、氧化、吸附、pH 调节、防锈、阻垢等化学处理剂不应污染生活饮用水，应符合饮用水化学处理剂卫生安全性评价 GB/T 17218 要求。

（二）生活饮用水的输配水设备、防护材料和水处理材料不应污染生活饮用水，应符合生活饮用水输配水设备及防护材料的安全性评价标准 GB/T 17219 的要求。

（三）选购饮用水

1. 购买品牌首选规模比较大的企业的知名品牌，饮用水已纳入质量安全市场准入管理，所有产品上应有 QS 标志，该标志由"质量安全"英文（Quality Safety）字头 QS 和"质量安全"中文字样组成。

2. 看产品标签：合格的产品标签应清晰标注其产品名称、净含量、制造者名称、地址、生产日期、保质期、产品标准号等内容。

3. 鉴别水的感官质量：合格的饮用水应该无色、透明、清澈、无异味、无异臭，没有肉眼可见物。颜色发黄、浑浊、有絮状沉淀或杂质，有异味的水一定不能饮用。

4. 桶装、瓶装水一旦打开，应尽量在短期内使用完，不能久存。最好放在避光、通风阴凉的地方。

5. 购买净水机制水时要看清机器的卫生状况，机器管理的巡视及滤芯更换及清洁频率记录。尽量选择购买卫生状况良好，机器管理的巡视、滤芯更换及清洁频率高的净水机。

第二节　应急饮用水卫生要求

俗话说："人可一日无餐，不可一日无水。"可见人们非常清楚水对人的生存有多么重要。然而，不洁净的水中经常会带有一些致病的物质，如阿米巴原虫、伤寒杆菌、血吸虫、肝吸虫、霍乱杆菌等病原体，以及腐烂的植物茎叶，昆虫、飞禽、动物的尸体及粪便，有的还可能会带有重金属盐或有毒矿物质等。所以当你在极度干渴之际找到水源后，最好不要急于狂饮，应就当时的环境条件，对水源进行必要的净化消毒处理，以避免因饮水而中毒或传染上疾病。

对寻找到的水源进行净化和消毒处理有几种简便可行的方法。

一、渗透法

当水源里有漂浮的异物或水质浑浊不清时，可以在离水源3～5米处向下挖一个50～80厘米深，直径约1米的坑，让水从砂、石、土的缝隙中自然渗出，然后，轻轻地将已渗出的水取出，放入盒或壶等存水容器中，注意：不要搅起坑底的泥沙，要保持水的清洁干净。

二、过滤法

当水源泥沙浑浊、有异物漂浮且有微生物或蠕虫及水蛭幼虫等，水源周围的环境又不适宜挖坑时，可找一个塑料袋（质量好，不容易破的）将底部刺些小眼儿，或者用棉制单手套、手帕、袜子、衣袖、裤腿等，也可用一个可乐瓶，去掉瓶底后倒置，再用小刀把瓶盖扎出几个小孔，然后自下向上依次填入2～4厘米厚的无土质干净的细砂、木炭粉5至7层，压紧按实，将不清洁的水慢慢倒入自制的简易过滤器中，等过滤器下面有水溢出时，即可用盆或水壶将过滤后的干净水收集起来。如果对过滤后的水质不满意，应再制一个简易过滤器将过滤后的水再次进行过滤，即可满意。

三、沉淀法

将所找到的水收集到盆或壶等存水容器中，放入少量的明矾或木棉枝叶（捣烂）、仙人掌（捣烂）、榆树皮（捣烂），在水中搅匀后沉淀30分钟，轻轻舀起上层的清水，不要搅起已沉淀的浊物，这样便能得到较为干净的水了。

一般说来，除泉水和井水（地下深水井）可直接饮用外，不管是河水、湖水、溪水、雪水、雨水、露水等，还是通过渗透、过滤、沉淀而得到的水，最好都应进行消毒处理后再饮用。那么，怎样进行消毒呢？

1. 将净水药片放入存水容器中，搅拌摇晃，静置几分钟，即可饮用，可灌入壶中存储备用。一般情况下，一片净水药片可对 1 升的水进行消毒，如果遇到水质较浑浊可用 2 片。目前，在野外军队里都采用此法对水进行消毒。

2. 如果没有净水药片，可以用随身携带的医用碘酒代替净水药片对水进行消毒。在已净化过的水中，每一升水滴入 3～4 滴碘酒，如果水质浑浊，碘酒要加倍。搅拌摇晃后，静置的时间也应长一些，20～30 分钟后，即可饮用或备用。

3. 利用亚氯酸盐，即漂白剂，也可以起到消毒的作用。在已净化的水中，每升水滴入漂白剂三四滴，水质浑浊则加倍，摇晃匀后，静置 30 分钟，即可饮用或备用。只是水中有些漂白剂的味儿，注意不要把沉淀的浊物一同喝下去。

4. 如果以上的消毒药物均没有，正巧随身携带有野炊时用的食醋（白醋也行），也可以对水进行消毒。在净化过的水中倒入一些醋汁，搅匀后，静置 30 分钟后便可饮用。只是水中有些醋的酸味。

5. 在海拔高度不太高（海拔 2500 米以下）且有火种的情况下，把水煮沸 5 分钟，也是对水进行消毒的很好的方法，且简便实用。在平原郊游或野炊时，多采用这种方法对河水、湖水、溪水、雨水、露水、雪水进行消毒以保证饮水和做饭的需求。

6. 如果寻找到的是咸水时，用地椒草与水同煮，这虽不能去掉原来的苦咸，却能防止发生腹痛、腹胀、腹泻。如果水中有重金属盐或有毒矿物质，应用浓茶与水同煮，最后出现的沉淀物不要喝。

思考题

1. 生活饮用水水质要求及卫生标准？
2. 常见的应急用水的净化和消毒方法？

（裴丽萍）

本篇参考文献

1. 李延平，蔡祖根．生活饮用水卫生标准实用指南．第 1版．南京：东南大学出版社，2002

2. 李敬鹉．公共卫生教育读本．第 1 版．北京：中国法制出版社，2003

3. 中华人民共和国农业部．农村公共卫生 100 问．第 1 版．北京：中国农业出版社，2009

4. 王旭辉．乡村旅游的公共卫生及安全．第 1 版．贵阳：贵州科技出版社，2007

5. 中华人民共和国卫生部，国家标准化管理委员会．生活饮用水卫生标准．GB 5749—2006，2006

第五章　食物安全

学习目标

应知（知识目标）

- 什么是食品安全。
- 目前影响我国食品安全的主要因素。
- 食品选购的原则。
- 食物中毒的概念、分类。

应会（技能目标）

- 家庭防范食品污染的措施。
- 常见食品的安全选购与鉴别。
- 食物中毒的预防和处理。

第一节　食品安全常识

食品安全（food safety）指食品无毒、无害，符合应当有的营养要求，对人体健康不造成任何急性、亚急性或者慢性危害。根据世界卫生组织的定义，食品安全是"食物中有毒、有害物质对人体健康影响的公共卫生问题"。食品安全也是一门专门探讨在食品加工、存储、销售等过程中确保食品卫生及食用安全，降低疾病隐患，防范食物中毒的一个跨学科领域。

食品安全问题是指各种供人食用或者饮用的成品和原料以及按照传统既是食品又是药品的物品，但是不包括以治疗为目的的物品。食品是人类生存和发展的最基本物质，具有营养性、功能性、多样性等特点。

食品卫生安全的说法其实是相对的，世界上没有绝对卫生安全的食品。错误的食品消费观，误导消费行为，影响人体健康，形成食品消费的误区。

《中华人民共和国食品安全法》已由中华人民共和国第十一届全国人民代表大会常务委员会第七次会议于 2009 年 2 月 28 日通过，自 2009 年 6 月 1 日起施行，以保证食品安全，保障公众身体健康和生命安全。食品生产经营者应当依照法律、法规和食品安全标准从事生产经营活动，对社会和公众负责，保证食品安全，接受社会监督，承担社会责任。

一、当前人们对食品安全的认识误区

（一）误区一："不含防腐剂"的食品"纯天然"

虽说不含防腐剂，但没说不含有其他食品添加剂。抗氧化剂、香精、色素、发色剂、增鲜剂之类都有可能在里面。也就是说，不含防腐剂，并不能保证它是"纯天然"状态。

（二）误区二："不含人工色素"的食品更安全

虽说食品里面不含人工色素，但色素还是会有的，只不过这些色素不是合成色素，而是从天然原材料中提取出来的。比如含有胡萝卜素的提取物、红曲色素、紫胶红等都是来源于天然食物的色素。相对而言，天然色素可以放心食用，但在提取过程中，也不排除含有微量的有机溶剂残留。

（三）误区三："不含味精"的食品可信赖

西式的产品中常见到"不含味精"的说明，这似乎是相对健康的食品。但不含有味精，不等于不含有谷氨酸钠这种成分，更不等于不含有人工增鲜成分，这些跟味精相比差不了多少。所以那些对味精过敏，或对食品中的钠含量有限制的消费者应该谨慎购买。

（四）误区四：农药会对食物的安全性构成威胁

农药中的杀虫剂对人影响最大。由于采收方式不同，像白菜、萝卜、甘蓝等一次性采收的蔬菜农药残留要相对少一些，但像番茄、黄瓜、辣椒这样的连续采收的残留量将比较大。

减少农药残留最简单的办法就是把蔬菜放在流水下洗一洗。因为农药都是留在蔬菜的表面，是可以去掉的。

（五）误区五：纯天然食品就是卫生安全食品

食品是否安全，不能以是否纯天然来判断。自然界中也存在原本有毒或可产生毒素的生物。比如，生鲜菜豆、黄花菜、生魔芋，不加热就是有毒的。实际上，现在纯天然可食的食品是非常少的，人类正是靠加工技术的进步，使得许多不可食的纯天然物质，加工成安全的食品。

（六）误区六：食品拥有鲜亮的颜色就是安全的

消费者的误区，也可能鼓励一些不法生产者滥用添加剂。过去出现的"红心鸭蛋"、"染黄的黄花鱼"、"漂白馒头"等问题，都是由于消费者对颜色、气味的辨认过分地追求，使得食品不经过处理就卖不出去。一些厂家为了迎合消费者要求，扩大销售量，便动起了花花肠子，使用添加剂。消费者需注意的是，食品有其固有色泽，超出正常色泽的食品，往往含有色素，如果超量食用添加了食用色素或含有非食用色素的食品，就会影响人体健康。

（七）误区七：无公害食品、有机食品或绿色食品是一样的

各大超市带有绿色食品或有机食品标志的商品价格要比一般商品高得多。据悉绿色食品分为 A 级和 AA 级。A 级是指生产环境符合绿色食品产地环境质量标准，限量使用限定的化学合成生产资料，产品质量符合绿色食品产品标准要求。AA 级也叫有机食品，除了生产环境符合标准外，在生产过程中不使用农药、化肥、食品添加剂等对环境和人体健康有害的生产资料。无公害农产品是指产地环境、生产过程和产品质量符合国家有关标准和规范的要求，经认证合格的优质农产品及其加工制品。

按照标准来衡量三种食品，有机食品要求最高，绿色食品次之，最后是无公害食品。

（八）误区八：尽量不食用肉蛋奶

现在频发的添加剂使用超标，非法添加工业化制剂等问题，

让不少消费者对肉蛋奶望而却步，造成蛋白质的摄取不足。事实上食品安全不是"零风险"，食物多样化可以把风险化解。且以保证均衡营养为准则，选择对人体好的东西要多，那些对自己健康没什么好处的东西要少吃，比如饼干类、饮料类，凡是营养差、添加剂又多的东西，尽量少吃。

（九）误区九：吃了转基因食品，基因会转移到人体中？

这是由于不了解基因作用原理而产生的一种误解。几乎任何食品都含有基因，不论基因来源如何，构成基因的物质DNA（脱氧核糖核酸）进入人体后，都会被酶分解破坏成小分子，不可能将外来遗传信息带到人的基因组里。从这个角度上说，转基因食品与传统食品并没有差别。

（十）误区十：多吃保健食品（营养滋补品）

一般人通过一日三餐就可获得身体所需要的热能、蛋白质、维生素和矿物质。然而，有些消费者为了使自己看起来更健康，服用一些免疫类保健品防病。殊不知免疫系统在人体内如同跷跷板，是起整体平衡作用的，如过量添加则可能会适得其反，促进病变。另外若儿童过多的乱补还会影响正常的生长发育。

二、影响食品安全的相关因素

（一）生物污染

生物污染是影响我国食品安全的最主要因素。在食品的加工、储存、运输和销售过程中，都易造成生物污染。生物污染包括微生物污染、寄生虫及昆虫的污染。微生物主要有细菌与细菌毒素、霉菌与霉菌毒素以及病毒等的污染。我国1990～1999年食物中毒的发生情况表明，微生物性食物中毒居各类食物中毒病原的首位，占食物中毒规模的40%。出现在食品中的细菌除可引起人畜共患传染病等致病菌外，还包括可引起食品腐败变质并可视为食品受到污染标致的非致病菌。病毒污染主要包括肝炎病毒、脊髓灰质炎病毒和口蹄疫病毒等。寄生虫及其虫卵主要通过病人、病畜的粪便直接污染食品或通过水体和土壤间接污染食品。昆虫污染主要包括粮食中的甲虫、螨类、蛾类以及动物食品和发酵食品中的蝇、蛆等污染。

（二）化学性污染

食品中新的化学性污染物对健康的潜在威胁已经成为一个不容忽视的问题。最近几年，各国政府纷纷制定了停止生产和使用部分剧毒化学农药的规章。中国也不例外，然而，2001 年 2 季度国家产品质量监督抽查结果显示，已被禁止使用的两类高毒农药甲胺磷、氧化乐果检出率依然很高。

（三）环境污染

环境因素与人类肿瘤的发生关系备受关注。通过食物链的富集，人类从食品中摄取了种类繁多的有毒有害物质，严重影响着人体健康。工业三废和城市垃圾的不合理排放，致使我国 850 条江流、130 多个湖泊和近海区域都受到了不同程度的污染。动、植物长期生活在这种环境中，这些有毒物质就会在其体内不断蓄积，使之成为被污染的食品。

（四）食品生产经营的规模化和管理水平偏低

近年来，我国食品行业不断发展壮大，已涌现出一批达到良好生产规范的、有实力的企业，但是，这些企业的比重还较低。据国家质检总局'两查'调查的 60085 个生产企业中，100 人以下的小型企业占 94.9%，10 人以下的家庭作坊式的企业或生产厂点占 79.4%"。规模小、管理水平低的家庭作坊、食品摊点等仍然是影响食品卫生水平的重要原因。

（五）法律法规体系不完善

法律保障体系主要指标准、检测和认证体系。许多食品安全标准的制定没有以风险评估为基础，标准的科学性和可操作性都有待提高。另外，我国食品安全检验机构数量众多，分属不同部门，明显缺乏统一和发展规划。同时，食品认证体系多头管理，它的作用也没有得到应有发挥。我国虽然有关于食品质量的总体性法规《食品安全法》、《产品质量法》、《农业法》，但这些法律对食品质量都仅作了一些概要性规定，没能充分反映新形势下消费者对食品安全的要求。而且其相互间协调和配套性也不够，可操作性并不强。

（六）科技成果不足

食品新技术、新资源的应用给我国食品安全科技水平带来了新的挑战。就拿以基因工程技术为代表的现代生物技术来说，目前我们还不能肯定转基因食品对人体健康的潜在危害。

（七）新产品和新技术潜在的风险

近年来，我国食品的新种类大量增加。很多新型食品在没有经过危险性评估的前提下，就已经在市场上大量销售。其中方便食品和保健食品的安全性尤其值得关注，这些都给食品安全带来了前所未有的挑战。

（八）食品安全教育滞后

由于多年来对食品安全关注的欠缺，一方面导致生产者缺乏相应的知识，另一方面导致消费者缺乏自我保护意识。这无疑影响了食品安全的进展。

三、家庭防范食品污染的措施

（一）要购买没有污染和杂质、没有变色及变味且符合卫生标准的食物，不买已知被污染的食物。

（二）生鱼生肉应在低温下保存，买回后若要超过两小时才烹调，也宜先放入冰箱，不要图省事。

（三）要买消毒牛奶，不食用未经加工的牛奶。

（四）易腐败的食品要随买随加工，加工过的食品最好马上吃掉。食物在室温下存放的时间越长，危险性就越大。

（五）做饭前要把手洗干净。中间转而做另一种食品时最好也要洗手。

（六）菜刀、菜板用前都应清洗干净。要先切熟食，后切生品，或切生熟食品的菜刀、菜板分开。

（七）尽量用封闭的容器装食物。

（八）当准备食用已存放一段时间的食物时，要将食物再次加热到100℃以上。

（九）饮用洁净的水，把水烧开了再喝。

（十）及时将厨房里的垃圾清除、扔掉。

第二节　食品选购基础知识

一、食品选购的原则

国家食品药品监督管理局联合八大部委实施的食品药品放心工程，推出的"食品安全十二条守则"是广大消费者日常饮食安全的指导原则。

1. 尽量选择到正规的商店、超市和管理规范的农贸市场购买食品。

2. 尽量选择有品牌、有信誉、取得相关认证食品企业的产品。

3. 立即食用做熟的食品。

4. 不买比正常价格过于便宜的食品，以防上当受害。

5. 不买、不吃有毒有害的食品，如河豚、毒蘑菇、果子狸等。

6. 不买来历不明的死动物。

7. 不买畸形的、与正常食品有明显色彩差异的鱼、蛋、瓜、果、禽、畜等。

8. 不买来源可疑的反季节水果、蔬菜等。

9. 不宜多吃以下食物：松花蛋、臭豆腐、味精、方便面、葵花子、猪肝、烤牛羊肉、腌菜、油条等。

10. 购买时查看食品的包装、标签和认证标识，查看有无注册和条形码，查看生产日期和保质期。对怀疑有问题的食品，宁可不买不吃。购买后索要发票。

11. 买回的食品应按要求进行严格的清洗、制作和保存。

12. 厨房以及厨房内的设施、用具要按要求进行清洁管理。

二、食品采购的卫生要求

1. 食品应在持有《食品流通许可证》的超市、食品商店、大卖场以及规范的市场内采购，不在无证食品摊点或马路摊贩处选购。

2. 在选购食品时应注意包装的食品外包装上、散装食品的显著位置是否标明食品名、配料表、生产者及其地址、生产日期、保质期限、保存条件、食用方法等内容，裱花蛋糕的生产日期应裱在产品表面。

3. 选购直接入口的食品时，应注意销售区域是否存在与非直接入口食品交叉污染的现象。

4. 以下几种食品在销售时应持有关证明或单据：

（1）销售肉与肉制品者应有肉品检疫合格证；

（2）销售散装熟食卤味者应有"熟食送货单"；

（3）销售豆制品者应有"豆制品送货单"。

上述食品的有关证明或单据应随货发给销售单位，销售时应做到货证相符（包括品种和数量）。

（4）销售保健食品者应有相应产品的《保健食品批准证书》或《进口保健食品批准证书》复印件，证书核准内容应与产品标志、说明书中的内容相同。

5. 在选购食品时，可用以下检查方法帮助鉴别食品卫生质量。

（1）色泽。在自然光线下，用眼睛看颜色和形状，有些食品受到污染后，本身成分发生分解，色泽发生变化，会呈现各种异常颜色，如绿色、褐色、赤色等。

（2）气味。主要用鼻子来嗅其有无异味，某些食品受污染后，品质发生变化，就会产生一些特殊气味，如陈腐味、哈喇味、霉味及腐败臭气等。

（3）味道。用舌头来辨别，如腐败的油脂的哈喇味、饭及饼变质后吃起来发酸等。

（4）组织状态。用手触摸及按捏，某些食品变质后的组织状态会发生变化，有变软、溢出物或发黏等现象。

第三节　常见食品的选购与安全鉴别

一、如何鉴别大米的品质

（一）看硬度

大米粒硬度主要是由蛋白质的含量决定的，米的硬度越强，蛋白质含量越高，透明度也越高。一般新米比陈米硬，水分低的米比水分高的米硬，晚米比早米硬。

（二）看腹白

大米腹部常有一个不透明的白斑，白斑在大米粒中心部分被称为"心白"，在外腹被称"外白"。腹白部分米质蛋白质含量较低，含淀粉较多。一般含水分过高，收后未经后熟和不够成熟的稻谷，腹白较大。

（三）看爆腰

爆腰是由于大米在干燥过程中发生急热，米粒内外收缩失去平衡造成的横裂纹。爆腰米食用时外烂里生，营养价值降低。所以，选米时要仔细观察米粒表面，如果米粒上出现一条或更多条横裂纹，就说明是爆腰米。

（四）看黄粒

米粒变黄是由于大米中某些营养成分在一定的条件下发生了化学反应，或者是大米粒中微生物引起的。这些黄粒香味和食味都较差，所以选购时，必须观察黄粒米的多少。另外，米粒中含"死青"粒较多，米的质量也较差。

（五）看新陈

大米陈化现象较重，色泽会变暗，黏性降低，失去原有的香味。选购时要认真观察米粒颜色，表面呈灰粉状或有白道沟纹的米是陈米，其量越多则说明大米越陈旧。同时，捧起大米闻一闻气味是否正常，如有发霉的气味说明是陈米。另外，看米粒中是否有虫屎粒，如果有虫屎粒和虫尸的也说明是陈米。

（六）测水分

如果咬碎时没有响声又粘牙齿，说明水分含量超标。

（七）看色泽

如果米粒色泽灰暗、有裂纹，是发过热的大米。如果米粒的色泽外观过白、过滑，就有可能是上光的；若呈淡绿，有可能是以人工色素染色。

（八）闻气味

正常的大米，没有异香、异味。新大米有自然清香气，陈大米没有香气。2009 年 10 月 1 日，我国大米新国标正式实施，按加工精度将大米划分为一到四级。比如一级大米背沟无皮，或有皮不成线，米胚和粒面皮层去净的占 90% 以上；二级大米背沟有皮，米胚和粒面皮层去净的占 85%；三级大米背沟有皮，粒面皮层残留不超过 1/5 的占 80% 以上；四级大米背沟有皮，粒面皮层残留不超过 1/3 的占 75% 以上。也就是说，等级越高，加工的精细化程度越高，但营养价值未必更高。

二、如何鉴别面粉的品质

（一）看颜色

精制面粉色泽白净，普通标准面粉白色稍带淡黄，如颜色较深或有点带上黄色，则表明其质量较差。另外，看包装是否标明厂名、地址、生产日期、保质期等内容，尽可能选用标明不加增白剂的面粉。

（二）闻气味

质量好的正常面粉气味略带香味；如有霉味、酸味、臭味或土气味，都是劣质面粉。

（三）查水分

用手抓一把用力捏紧后松开，如面粉随之散开，即含水分正常；如面粉成团，不能散开，则是含水分太大，易变质。

（四）试手感

用手指取少许成粉捻搓，如有绵软感，是质量好；如感觉特别光滑，则是差。

一些消费者不了解食品添加剂超标对人体的危害，一味认为面粉越白越好，这种观念是错误的。从色泽上看，未增白面粉和面制品为乳白色或微黄本色，使用增白剂的面粉及其制品呈雪白或惨白色；从气味上辨别，未增白面粉有一股面粉固有的清香气味，而使用增白剂的面粉淡而无味，甚至带有少许化学药品味。增白剂过多的面粉蒸出的面食异常白亮，但会失去面食特有的香味，微苦，有刺喉感。掺有滑石粉的面粉，和面时面团松、软，难以成形，食之肚胀。把面粉放入水中搅动一会儿，正常情况下应为糊状。若底部出现沉淀物，则含有滑石粉。

三、如何鉴别和选购食用油

（一）观察油的透明度

质量好的植物油透明度高，水分、杂质少。静置 24 小时以后，清晰透明、不浑浊、无沉淀、无悬浮物。反之，则质量差。

（二）观察油的色泽

质量好的花生油呈淡黄色或橙黄色；豆油为深黄色；菜籽油为黄中稍绿或金黄色；棉籽油为淡黄色。

（三）闻油的香味

用手指蘸少许油，抹在手掌心，搓后闻其气味。质量好的油除本身应有的气味外，一般没有其他异味。如有异味，说明油质量不好或发生变质。掺矿物油的油，有矿物油的气味，不要购买。

（四）品尝

用筷子蘸一点油，抹在舌头上辨其味。质量好的油无异味。如油有苦、辣、酸、麻等味则说明油已变质，有焦煳味的油质量也不好。

（五）加热鉴别

水分大的食用植物油加热时会出现大量泡沫，且发出"吱吱"声，油烟有呛人的苦辣味，说明油已酸败。质量好的油应泡沫少且消失快。

（六）询问

问商家的进货渠道，必要时查看进货发票或查看当地食品卫生监督部门的检测报告。

（七）其他

首选包装油，慎选散装油。看颜色及保质期。颜色越浅，说明精炼程度越高，油也就越纯正，所含对人体有害的杂质少。购买日期离生产日期越近越好。应根据需要选购，如生拌蔬菜选色拉油，家常炒菜选烹调油，煎鱼炸鸡选煎炸油。

四、蔬菜的科学选购及食用

要购买营养价值高又无公害的蔬菜，绿色蔬菜以接受日照充分的深绿色蔬菜最佳。同样是绿色蔬菜，其营养价值与保健功效常随着日照程度的不同而不同。绿色蔬菜中的维生素、干扰素、诱生剂等都有"怕热"的弱点，高温烹调可使其遭受破坏，因此最好吃新鲜蔬菜，能够生吃的新鲜蔬菜最好生吃。由于人体需要全方位的营养，单纯吃任何一种蔬菜都不可能达到这一要求，所以只有合理、巧妙搭配，坚持多品种、多颜色才能确保营养均衡。蔬菜是否新鲜、是否用激素、农药、化肥残留是否超标，外观上是很难辨别的。建议消费者在购买时注意以下几点：

（一）看品牌

蔬菜有可能被农药和化肥所污染。解决这个问题，最好的方法是选择无公害蔬菜、绿色蔬菜或有机蔬菜。这些蔬菜的种植规模较大，管理过程有相关法规的保障，其品牌和产地标识明确，因此值得消费者信赖。购买那些无品牌、无产地的蔬菜时消费者则需要慎重考虑。市民在购买时不要购买表面有药斑，或有不正常、刺鼻化学药剂味道的蔬菜。各种蔬菜中富集农药、化肥的能力迥然不同，大体是以根、茎、叶为食用部分的污染较重，如菠菜、芥菜。以花、果实、种子为食用部分的污染较轻，如西红柿、茄子、辣椒、各种瓜类、食用菌类、豆类。

比如韭菜，容易得一种害虫病，一般农药治不住，菜农就用高毒农药去灌根，结果留下较严重的污染。菜市场上有一些韭菜很粗、颜色比较深，就是高毒农药造成的。还有一些蔬菜的叶子摸起来手感滑腻腻的，这也要注意。有的菜农打农药时会加一些洗衣粉，这是一种扩展剂，使农药在蔬菜叶片上自动均匀扩展。还有一些农药本身含有一些扩展剂，摸起来感觉也是滑腻腻的。购买者可用盐水或淘米水浸泡半小时，再用流水冲净，这在一定程度上也可减少农药残留。

（二）看颜色

不买颜色、形状异常的蔬菜。蔬菜品种繁多，营养价值各有千秋。总体上可以按照颜色分为两大类：深绿色叶菜，如菠菜、苋菜等，这些蔬菜富含胡萝卜素、维生素 C、维生素 B_2 和多种矿物质；浅色蔬菜，如大白菜、生菜等，这些蔬菜大多富含维生素 C，但胡萝卜素和矿物质的含量较低，但是它们也有自己的优势，如洋葱含有维护心脏健康的活性物质，马铃薯对胃肠具有保护作用等。另外，尽量选购当令盛产的蔬菜。

（三）看鲜度

蔬菜越新鲜，其营养物质的损失越少，抗氧化物质含量越高，营养价值和保健价值也就越高。多数蔬菜储存一般不宜超过3天。蔬菜包上保鲜膜放入冰箱存储，可延缓营养物质的损失。

五、常见蔬菜的选购

（一）选购茄子

蔬菜市场上的茄子有紫红色和淡红色两种。紫红色的为条茄，淡红色的则为杭茄。在春季淡红色的先上市，随后紫红色茄子上市。

茄子的老嫩对于品质影响极大。判断茄子老嫩有一个可靠的方法就是看茄子的"眼睛"长在哪里？在茄子的萼片与果实连接的地方，有一白色略带淡绿色的带状环，菜农管它叫茄子的"眼睛"。"眼睛"越大，表示茄子越嫩；"眼睛"越小，表示茄子越老。

所以要拣"眼睛"大的买。同时，嫩茄子手握有黏滞感，发硬的茄子是老茄子。其外观亮泽表示新鲜程度高，表皮皱缩说明已经不新鲜了。茄子的最佳消费期为 5 月份至 8 月份。

（二）选购辣椒

蔬菜市场上的辣椒按食味不同分甜椒和辣椒两类。辣椒的果实形状与其味道的辣甜之间存在着明显的相关性。尖且果肉越薄，辣味越重。柿子形的圆椒多为甜辣，果肉越厚越甜脆。如果你比较重视营养，可买红椒吃，因为红椒的维生素 C 比青椒多0.8 倍，胡萝卜素要多 3 倍，而且红椒分量轻（比重小），在经济上也合算，只是口感不如青椒脆嫩。

（三）选购西红柿

蔬菜市场上的番茄主要有两类，一类是粉红番茄，糖、酸含量都较低，味淡；另一类是大红番茄，糖、酸含量都高，味浓。如果要生吃，应当买粉红的，因为这种番茄酸味淡，生吃较好；要熟吃，就应尽可能地买大红番茄，这种番茄味浓郁，烧汤、炒食味道都好。果形与果肉关系密切，扁圆形的果肉薄，正圆形的果肉厚。需要特别指出的是，不要买青番茄以及有"青肩"（果蒂部青色）的番茄，因为这种番茄营养差，而且含的番茄苷有毒性。另外，自然成熟的西红柿果蒂部分通常能看到绿色，体型匀称，捏起来手感比较软；而催熟的西红柿整个果实都是红色的，果蒂部分很少看见绿色，外观不那么匀称，有些还有明显的尖顶，捏起来手感比较硬。催熟的西红柿有毒的番茄碱含量最高，对中枢神经系统会有干扰作用，对人体有害。自然成熟的西红柿，番茄碱的含量很低，甚至于完全没有。而且各种营养成分都形成了。所以掌握了鉴别的方法，你就可以充分享受西红柿的营养和美味了。

（四）选购马铃薯（土豆）

马铃薯（土豆）是粮、菜兼用作物。蔬菜市场上的土豆包括两个类型：富含淀粉的粮用品种和蛋白质含量较高、肉质细腻的菜用品种。假如做菜吃，就要尽量避免购买粮用品种。

那么，菜用马铃薯（土豆）有什么特点呢？应当承认，肉质粗细只有刀切时才能判别，挑选黄肉、肉质致密、水分少的。这种土豆富含胡萝卜素，不仅营养价值高，吃口也好。肉质松、水分多的土豆，烧好烂糟糟的，不易成形，吃口也差。

购买马铃薯（土豆）时也不能只看肉，不看皮，表皮光洁，薯形圆整，皮色正（色不正的常为环腐病，切开时有环状褐色斑），芽眼浅，加工方便。要特别提醒大家的是，有两种土豆绝对不要买。一是出芽的，二是皮变绿的，会形成有毒物质龙葵碱，如图5-1所示。在正常情况下，龙葵碱的含量不过3~6毫克/100克鲜重，但在发芽的土豆芽眼和变绿的表皮层中，龙葵碱的含量可高达38~45毫克/100克鲜重，吃了以后就会中毒，症状为喉部有瘙痒、灼伤感，继而胸膛发热、疼痛、呕吐，严重时高热、昏迷、抽搐、呼吸困难，危及生命。还要注意的是，表皮正常的土豆，放在室内数日，也会因见光而表皮变绿，失去食

图5-1　发芽的马铃薯（土豆）

用品质，所以必须避光保存。最后，必须指出，这种有毒物质即使在马铃薯（土豆）煮熟后也不会被破坏，故发芽的、变绿的土豆只得倒掉，千万不可食用。

（五）选购山药

首先，掂重量，大小相同的山药，较重的更好。其次，看须毛，同一品种的山药，须毛越多的越好。须毛越多的山药口感更好，含山药多糖更多，营养也更好。最后，看横切面，山药的横切面肉质应呈雪白色，这说明是新鲜的，若呈黄色似铁锈的切勿购买。

注意：如果表面有异常斑点的山药绝对不能买，因为这可能已经感染过病害。还要注意山药断面应带有黏液，外皮无损伤。山药怕冻、怕热，冬季买山药时，可用手将其握10分钟左右，如山药出汗就是受过冻了。掰开来看，冻过的山药横断面黏液会化成水，有硬心且肉色发红，质量差。

禁忌：山药与甘遂不要一同食用；也不可与碱性药物同服。

（六）选购扁豆

市场上的扁豆品种较多，多以嫩荚供食用，只有红荚种（如猪血扁等）可荚粒兼用，鼓粒的吃口也好，富香味。青荚种以及青荚红边种都以嫩荚吃口更好，不可购买鼓粒的。

（七）选购豇豆

蔬菜市场上豇豆品种很多，由于豆荚颜色与品质联系紧密，所以根据颜色的分类法选购豇豆对消费者最有用。一般分三类：一类是白荚型。荚果较粗，淡绿或绿白色，肉薄，质地疏松，易露籽，吃口软糯。另一类是绿荚型。荚果细长，深绿色，肉厚，豆粒小，不露籽，吃口脆性。还有一类是红荚型。荚果紫红色，粗短，肉质中等，易老。消费者可按照自己的吃口要求去选购。不管哪种类型，以豆粒数量多，排列稠密的品质最优。荚果尾巴细长是高温干旱结生荚果的典型特征，一看便知品质低劣，谁也不会买。

（八）选购黄瓜

蔬菜市场上的黄瓜品种很多，但基本上是三大类型。一是无刺种：皮光无刺，色淡绿，吃口脆，水分多，系近年从国外引进的黄瓜品种。二是少刺种：果面光滑少刺（刺多为黑色），皮薄肉厚，水分多。味鲜，带甜味。三是密刺种：果面瘤密刺多（刺多为白色），绿色，皮厚，吃口脆，香味浓。

上面所说三类黄瓜，生食时口感不同。简单地说，无刺品种淡，少刺品种鲜，密刺品种香。各人可根据自己的要求选购。不管什么品种，无疑都要选嫩的，最好是带花的（花冠残存于脐部）。同时，任何品种都要挑硬邦邦的。因为黄瓜含水量高达96.2%，刚收下来，瓜条总是硬的，失水后才会变软。所以软黄瓜必定失鲜。但硬邦邦的不一定都新鲜。因为，把变软的黄瓜浸在水里就会复水变硬。只是瓜的脐部还有些软，且瓜面无光泽，残留的花冠多已不复存在。消费者购买时很易识别。

（九）选购冬瓜

冬瓜性寒味甘，清热生津，辟暑除烦，在夏日服食尤为适宜。

冬瓜中所含的丙醇二酸，能有效地抑制糖类转化为脂肪，加之冬瓜本身不含脂肪，热量不高，对于防止人体发胖具有重要意义，还有助于体形健美。

在蔬菜市场上冬瓜分为青皮、黑皮和白皮三个类型。黑皮冬瓜肉厚，可食率高；白皮冬瓜肉薄，质松，易入味；青皮冬瓜则介于两者之间。选购应以黑皮冬瓜为佳。这种冬瓜果形如炮弹（长棒形），瓜条匀称、无热斑（日光的伤斑）的为佳。长棒形的肉厚，瓤少，故可食率较高。在买冬瓜的时候，可以用手指按压冬瓜果肉，挑选肉质致密的买，因为这种冬瓜口感比较好；肉质松软的煮熟后口感很差。

冬瓜的最佳消费期为7、8月盛夏季节。冬瓜虽耐贮藏，但食用品质仍以鲜品为上，还是应该在最佳消费期购买。

（十）选购丝瓜

蔬菜市场上的丝瓜有两大类：一类是广东丝瓜，即有棱丝瓜，由于瓜条上有 9～11 条棱角，故又名棱角丝瓜，这种丝瓜吃口粳性，广东人喜欢吃；另一种是本地丝瓜，即普通丝瓜，瓜条上有多条墨绿色纵纹，皮薄，肉质柔软多汁，吃口软糯。

选购丝瓜最要紧的是，要挑硬邦邦的买。刚刚采下的符合食用标准的丝瓜，一般含水量在 94% 左右，所以新鲜的丝瓜总是硬的；而新鲜程度差的丝瓜，就会由于失水而变得疲软。值得指出的是，丝瓜果实表层覆盖有厚厚的角质层，不堪食用，烹调前必须除去。鲜度高的丝瓜去皮很方便，只要用水果刀刀刃垂直于瓜体轻轻刮动，便可将那层硬皮刮去，且不带肉。如果你买了疲软的丝瓜，去皮时麻烦可就大了。当然买丝瓜还要掌握其他标准：如瓜条匀称，瓜身白毛茸毛完整，表示瓜嫩而新鲜；不要买大肚瓜，肚大的籽多；钩状瓜削皮难，即使便宜也不可取。

（十一）选购萝卜

萝卜在上海市场上叫白萝卜。从蔬菜商品学讲，萝卜分为长萝卜、圆萝卜、小红萝卜三个类型。不管哪种萝卜，以根形圆整、表皮光滑为优。一般说来，皮光的往往肉细，所以皮光是第一条。第二条是比重大，分量较重，掂在手里沉甸甸的。这一条掌握好了，就可避免买到空心萝卜（糠心的萝卜、肉质成菊花心状）。第三条，皮色正常。皮色起油（半透明的斑块）的不仅表明不新鲜，甚至有时可能是受了冻的（严重受冻的萝卜，解冻后皮肉分离，极易识别），这种萝卜基本上失去了食用价值。第四条，买萝卜不能贪大，以中型偏小为上。这种白萝卜肉质比较紧密，比较充实，烧出来成粉质，软糯，吃口好。

（十二）选购胡萝卜

就营养价值而言，优质胡萝卜集中表现为"三红一细"。"三红"是指表皮、肉质（韧皮部）和心柱（木质部）均呈橘红色；"一细"是指心柱要细。因为胡萝卜中胡萝卜素含量高低与颜色有关。胡萝卜素含量高的呈深橘红色，胡萝卜素含量低的呈淡橘红色甚至淡黄色。而心柱的胡萝卜素含量则明显低于肉质部，颜色也淡些，所以心柱细的胡萝卜，营养价值相对高些。

（十三）选购菠菜

菠菜营养丰富是个不争的事实，因其维生素含量丰富，被誉为"维生素宝库"，糖尿病、高血压、便秘均宜食用菠菜。菠菜有养血止血、滋阴润燥、通利肠胃等功效，对便血、坏血病、肠胃积热、大小便不畅、痔疮等症有一定的疗效。

现在正是吃菠菜的季节，营养丰富，食用简单。菠菜分圆叶和尖叶菠菜，哪种菠菜营养更丰富，口感更好呢？

挑选菠菜以菜梗红短，叶子新鲜有弹性的为佳。

叶子较厚，伸张得很好，且叶面要宽，叶柄则要短。如叶部有变色现象，要予以剔除。

现在的菠菜几乎全年有售，通常，春季的菠菜比较短嫩，适合凉拌；而秋季的菠菜比较粗大，适合炒着吃，或者做汤。

特别提醒：因为草酸易溶于水，因此无论是哪一种吃法，在食用菠菜前，最好都先将它放入开水中焯一下，这样做就可以有效地除去 80% 的草酸，然后再炒，拌或做汤就好。

菠菜含有草酸，草酸与钙质结合易形成草酸钙，它会影响人体对钙的吸收，因此，菠菜不能与含钙丰富的豆腐、豆制品及木耳、虾米、海带、紫菜等食物同时烧。菠菜所含草酸与钙盐能结合成草酸钙结晶，使肾炎病人的尿色浑浊，管型及盐类结晶增多，故肾炎和肾结石者不宜食。

（十四）选购荠菜

蔬菜市场上有两种荠菜。一种是尖叶种，即花叶荠菜，叶色淡，叶片小而薄，味浓，吃口脆；另一种是圆叶种，即板叶荠菜，叶色浓，叶片大而厚，味淡，吃口糯性。11 月、12 月、1月、2 月为最佳消费期。市场选购以单棵生长的为好，轧棵的质量差。不要嫌弃红叶的，红叶的香味更浓，风味更好。

（十五）选购芹菜

市场上的芹菜主要有四个类型：青芹、黄心芹、白芹和美芹。要想买到优质的芹菜，就得先了解这四种芹菜的食用品质特点：青芹味浓；黄心芹味浓，脆嫩；白芹味淡，不脆；美芹味淡，吃口脆。不管哪种类型的芹菜，叶色浓绿的不宜买。叶子"墨黑"，说明生长期间干旱缺水，生长迟缓，粗纤维多，口感较粗。

芹菜有两种，先育苗再移栽的移栽芹菜和播种后一直长到收获的不经移栽的原地芹菜。一般说来，移栽芹菜质量好，原地芹菜质量差。芹菜的长短不是老嫩的标志，原地芹菜一般较短，但是老。所以买芹菜时，区别移栽芹菜和原地芹菜很重要。由于芹菜是带根采收的，移栽芹菜的根系一般短而少，而原地芹菜根系多，且较长。

在选购芹菜时，要选菜叶翠绿不枯黄、菜梗粗壮的。芹菜新鲜不新鲜，主要看叶身是否平直。新鲜的芹菜叶是平直的，存放时间较长的芹菜，叶子尖端就会翘起，叶子变软，甚至发黄起锈斑。

（十六）选购韭菜

韭菜有四种，除了经常食用的叶韭以外，还有根韭（主产云南，以肉质根供食用）、花韭（以采食花薹为主）以及花、叶兼用韭。市场上大量上市的为叶韭，韭菜薹也有供应。

韭菜按叶片宽窄来分，有宽叶韭和窄叶韭。宽叶韭嫩相，香味清淡；窄叶韭卖相不如宽叶韭，但吃口香味浓郁。真正喜欢吃韭菜的人，当以窄叶韭为首选。要注意，叶片异常宽大的韭菜要慎买，因为栽培时有可能使用了生长刺激剂（人工合成的植物激素）。

韭菜的叶由叶片和叶鞘组成，叶鞘抱合而成假茎。割韭时即在假茎近地面处开割。刚割下时，假如茎处切口平齐，表示新鲜；如已割下几天，切口便不平了，而呈现倒宝塔状。这是因为韭菜收割后仍然继续生长，中央的嫩叶长得快，外层老叶生长慢，故形成倒宝塔状的切口。

（十七）选购花菜

选购花菜时，主要看两条：一条是花球的成熟度，以花球周边未散开的最好；二是花球的洁白度，以花球洁白微黄、无异色、无毛花的为佳品。优质菜花花球紧实，握之有重量感，无茸毛，可带 4～5 片嫩叶；菜形端正，无机械损伤；球面干净，无污泥，无虫害，无霉斑。花球表面出现的"青花"是由绿色苞片或萼片过度生长造成的，"紫花"是花球接近成熟时遇低温形成花青素引起的，"毛花"是由花柱、花丝的无序生长所致。

（十八）选购卷心菜

卷心菜在蔬菜市场上全年都可买到。1～4 月有晚秋卷心菜，4 月、5 月有尖顶卷心菜，5 月、6 月有平顶春卷心菜，7 月、8 月有夏卷心菜，9～12 月有早秋卷心菜。

不管什么季节、什么品种，选购卷心菜的共同标准是：叶球要坚硬紧实，松散的表示包心不紧，不要买（尖顶卷心菜吃的是时鲜，松点也无妨）。叶球坚实，但顶部隆起，表示球内开始抽薹、中心柱过高、食用风味变差，也不要买。

（十九）选购菜豆

菜豆又叫芸豆，按其生长习性分为两个类型：一是蔓性菜豆，爬藤的，要进行棚架栽培；二是矮性菜豆，直立性。这两种菜豆，吃口不一样。蔓性菜豆，糯性，吃口好；矮性菜豆较脆，吃口不如蔓性菜豆。但是，在市场上如何区分这两种菜豆呢？总的说来，有两条：一是荚果长短不同，矮性菜豆荚果较长，蔓性菜豆则较短；二是荚果形状不同，矮性菜豆荚果尖端细长，蔓性菜豆则较短。

此外，在市场选购时还有一个很要紧的标准，就是荚果横断面呈圆形的，叫圆菜豆；呈扁圆形的，叫扁菜豆。圆菜豆粗纤维少，吃口软糯，品质好；而扁菜豆粗纤维多，吃口差。这一点在选购时不可忽视。

（二十）分拣蔬菜

蔬菜买到家里以后，就要进行分拣。分拣的主要目的是把可食部分与不可食部分区分开来，即可以吃的留下来，不能吃的丢弃掉。这句话说起来轻巧，但实际操作起来，却并非一件轻而易举的事，必须事先做好相关的知识准备。下面举几个例子来说明。

卷心菜的叶球是由合抱的淡黄色的叶片组成的。当把一张张的叶片剥下时，有时会发现在许多叶片的边缘有一条宽约1厘米的叶肉干枯了。菜农管它叫"金镶边"。这是一种由于缺乏钙元素引起的生理性病害（不是由病原微生物引起的传染性病害），它对吃口的影响仅限于病斑部分。因此，只要把叶缘的干枯部分剪去，其他完好部分仍可照常放心食用。不要看到这种枯斑就误认为不可食用而将整个叶球全部丢掉。卷心菜叶球的外叶、青菜心叶外面的叶片，其营养价值都比叶球和心叶要高得多，只要叶片完好无病斑，都应食用，不必丢掉。

大白菜（黄芽菜）的叶球与卷心菜的结构相似，当剥下叶片时，有时会发现叶片上布满灰黑色斑点，菜农管它叫"灰心"。这是由病毒侵害形成的病毒病。病毒侵害的叶片，吃起来苦味很重，因而不可食用。所以在分拣大白菜时，发现"灰心"的要坚决丢掉，不可再去烹调，以免造成更大的浪费。同理，萝卜切开时发现"灰心"，也不能吃。

西红柿有时会碰到"热肩"的或"青肩"的。"热肩"是指在果柄周围果肩处有白色干枯的斑块。这是由太阳光直接照射引起的果肉因灼伤而坏死的结果。这是一种生理性病害，只要把枯斑切去，其余部分仍可照常食用。还有一种情况，西红柿果实大部分都是红色，唯有果柄周围即果肩处是青的，叫做"青肩"。"青肩"处果肉为绿色，其中含有龙葵碱，有毒性，应切去丢弃，红色部分则可照常食用。

莴笋总是带着叶子（大部分为嫩叶）上市的，这样有利于莴笋的保鲜。一般市民都是剥掉叶子，只吃莴笋。其实，从营养价值看，叶比莴笋要高得多。据营养素测定，叶与莴笋比，蛋白质高40%，脂肪高1倍，膳食纤维高33%，胡萝卜素多83%，维生素 B_1 多2倍，维生素 C 多2倍，维生素 E 多68%。可见，把莴笋的嫩叶丢掉实在可惜。

南瓜皮、山芋皮是营养集中的地方，应当洗净烧熟食用，不要削去。因为，南瓜皮淀粉含量高，山芋皮蛋白质含量高，具有较高的食用价值，还是不丢弃的好。

六、选购安全的水果

（一）水果质量存在的主要问题

1. 农药残留超标。果农使用一些违规农药防止虫害，导致水果农药残留量超标。

2. 含有害保鲜剂。水果商在水果中加入超标、违规的保鲜剂延长水果的贮藏期。

3. 含激素催熟剂。为卖到好价钱，果农用激素催熟剂加快水果生长和成熟。

（二）水果催熟三大"毒方"

不正规的催熟方法催熟的各种水果对人体有害，常见水果催熟"毒方"有危害。

1. 名列三大秘方榜首的便是"激素催熟草莓"。那些中间有空心、形状硕大且不规则的草莓，一般是激素过量所致。据了解，草莓用了催熟剂或其他激素类药后生长期变短，颜色也新鲜了，但果味却变淡了。

2. 三大秘方中排名第二的是硫磺熏熟香蕉。无论是用氨水还是二氧化硫催熟，只能让香蕉表皮变得嫩黄好看，但果肉口感仍硬硬的，一点也不甜。

3. 膨大剂催大西瓜。超标准使用催熟剂、膨大剂及剧毒农药，使西瓜带毒。这种西瓜皮上的条纹不均匀，切开后瓜瓤特别鲜艳，可瓜子却是白色的，尝一口，嘴里留下一股异味。

（三）不正规的催熟水果三大危害

一些添加剂特别是化学添加剂对人体健康有一定的副作用。首先，用硫磺熏蒸水果或进行染色，掩盖了水果本身的状态，把生的水果催熟，看似光鲜实际上是一种欺诈行为；其次，用硫磺熏蒸水果还会使水果中的维生素及微量元素在熏蒸过程中遭到破坏，降低了水果的营养价值；同时，食用熏蒸水果和非食用色素会对人体健康造成危害。二氧化硫用于食品防腐保鲜处理一般是可以的，但过量使用时容易发生化学反应生成亚硫酸盐，此物残留在水果中会诱发哮喘等疾病。存在上述问题的水果，对人体健康有害，特别对儿童健康影响更大，因此人们在购买水果时一定要注意。

（四）正常催熟水果可放心买

据了解，草莓是最早采用新技术并取得巨大成功的反季节水果的"榜样"。草莓反季节生长采用的是"保护地栽培"新技术，在寒冷的冬春季节，利用风障、阳畦、温床、塑料大棚、温室等防寒保温设施栽培，以达到早熟、丰产、延长供应期的目的。这样生产出来的草莓营养成分不低于露天栽培的草莓。而规范的香蕉催熟方法目前常用的有烟熏法、乙烯法和乙烯利法，进口香蕉也采用此法。只要乙烯利控制在国家使用标准内，对消费者身体没有害处。正规研究单位和水果批发市场采用的催熟方法一般不会对人体有害。

对于南方盛产的荔枝、龙眼、脐橙等水果，为了延长保鲜期，使用保鲜液浸泡或打蜡，避免损耗或延长其市场销售时间。如果使用的保鲜液或蜡粉是国家卫生防疫、检疫部门允许的，可以放心购买。

生活常识：常见水果成熟期

樱桃成熟期在 5 月中旬到 6 月中旬；露地草莓在 5 月中下旬

开始采摘，草莓的酸甜味道才浓厚；杏成熟期在 5 月下旬至 7 月中旬；桃从 6 月中旬到 10 月初都有成熟的；李子早熟品种 6 月上旬就开始上市，最好吃的品种应在 8、9 月间成熟。大多数枣品种的成熟期在 9 月中下旬到 10 月上旬，大枣才有枣味，在此之前上市的枣又柴又木，根本没法吃。有些苹果品种入伏后就成熟，即"伏苹果"，中晚期成熟的苹果，如"红星"9 月底才熟，"富士"系列到 10 月份才能上市。梨的早熟品种 8 月上旬成熟，如"绿宝石"，但价钱较贵，大多数梨在 9 月底或 10 月初上市。柿子一般在霜降节气，也就是 10 月下旬才开始上市。

（五）科学消费水果

所谓"安全水果"是指符合卫生署药检标准的高品质水果，最重要的特性是低或没有农药残留。选购经过国家批准的专门机构认证或有产地证明的产品；尽量购买当令水果，不合时令的水果须多喷洒大量药剂才能提前或延后采收上市。选购时不用刻意挑选外观鲜美、亮丽而无病斑、虫孔的水果。外表稍有瑕疵的水果无损其营养及品质，且价格较便宜。此外，外表完美好看的水果有时反残留更多药剂。表皮光滑的水果农药残留较少，而外表不平或有细毛者，则较易附着农药。另外有套袋保护的水果，则药剂附着较少。若水果外表留有药斑或不正常之化学药剂气味者，应避免选购。长期贮存或进口的水果，常以药剂来延长其贮存时间，宜减少购买。用前尽可能将水果清洗，可以选择水果专用洗涤剂或添加少量的食用碱浸泡；削皮或剥皮食用的种类宜先清洗后再削皮或剥皮；不要吃霉烂水果。

七、肉及肉制品的安全选购

（一）牛肉的选购

对于市场上销售的鲜牛肉和冻牛肉，消费者可从色泽、气味、黏度、弹性、肉汤等方面进行鉴别。具体来说如下：

1. 色泽鉴别：新鲜肉——肌肉呈均匀的红色，具有光泽，脂肪洁白色或呈乳黄色。次鲜肉——肌肉色泽稍转暗，切面尚有光泽，但脂肪无光泽。变质肉——肌肉色泽呈暗红，无光泽，脂肪发暗直至呈绿色。

2. 气味鉴别：新鲜肉——具有鲜牛肉的特有正常气味。次鲜肉——稍有氨味或酸味。变质肉——有腐臭味。

3. 黏度鉴别：新鲜肉——表面微干或有风干膜，触摸时不粘手。次鲜肉——表面干燥或粘手，新的切面湿润。变质肉——表面极度干燥或发黏，新切面也粘手。

4. 弹性鉴别：新鲜肉——指压后的凹陷能立即恢复。次鲜肉——指压后的凹陷恢复较慢，并且不能完全恢复。变质肉——指压后的凹陷不能恢复，并且留有明显的痕迹。

5. 肉汤鉴别：良质冻牛肉（解冻肉）——肉汤汁透明澄清，脂肪团聚浮于表面，具有一定的香味。次质冻牛肉（解冻后）——汤汁稍有浑浊，脂肪呈小滴浮于表面，香味鲜味较差。变质冻牛肉（解冻后）——肉汤浑浊，有黄色或白色絮状物，浮于表面的脂肪极少，有异味。

（二）新鲜羊肉的鉴别

1. 色泽鉴别。优质的羊肉肌肉颜色鲜艳，有光泽，脂肪呈白色；质次者肉色稍暗，肉与脂肪缺乏光泽，但切面尚有光泽，脂肪稍微发黄；变质的羊肉肉色发暗，肉与脂肪均无光泽，切面也无光泽，脂肪微黄或暗黄色。

2. 黏度鉴别。优质的羊肉表面微干，或有风干膜，或湿润但不粘手；质次者表面干燥或轻度粘手，新的切面湿润粘手；变质的羊肉表面极度干燥或发黏，新切面也湿润粘手。

3. 肉汤鉴别。良质的羊肉做成汤后汤汁透明澄清，脂肪团聚浮于表面，具备羊肉汤固有的香味或鲜味；质次者做成汤后汤汁稍有浑浊，脂肪呈小滴浮于表面，香味差或无香味；变质的羊肉做成汤后汤汁浑浊，有暗灰色絮状物悬浮，浮于表面的脂肪较少，无香味，或有氨味、酸味、腐臭味。

（三）猪肉的鉴别

1. 新鲜猪肉的鉴别

（1）外观鉴别。新鲜猪肉——表面有一层微干或微湿润的外膜，呈淡红色，有光泽，切断面稍湿、不粘手，肉汁透明。次鲜猪肉——表面有一层风干或潮湿的外膜，呈暗灰色，无光泽，切断面的色泽比新鲜的肉暗，有黏性，肉汁浑浊。变质猪肉——表面外膜极度干燥或粘手，呈灰色或淡绿色、发黏并有霉变现象，切断面发暗或呈淡绿色、很黏，肉汁严重浑浊。

（2）气味鉴别。新鲜猪肉——具有鲜猪肉正常的气味，有一股新鲜的味道。次鲜猪肉——在肉的表层能嗅到轻微的氨味、酸味或酸霉味，但在肉的深层却没有这些气味。变质猪肉——腐败变质的肉，不论在肉的表层还是深层均有腐臭气味。

（3）弹性鉴别。新鲜猪肉——新鲜猪肉质地紧密且富有弹性，用手指按压凹陷后会立即复原。次鲜猪肉——肉质比新鲜猪肉柔软、弹性小，用指头按压凹陷后不能完全复原。变质猪肉——腐败变质猪肉由于自身被分解严重，组织失去原有的弹性而出现不同程度的腐烂，用指头按压后凹陷，不但不能复原，有时手指还可以把肉刺穿。

（4）脂肪鉴别。新鲜猪肉——脂肪呈白色，具有光泽，有时呈肌肉红色，柔软而富有弹性。

次鲜猪肉——脂肪呈灰色，无光泽，容易粘手，有时略带油脂酸败味和哈喇味。变质猪肉——脂肪表面污秽、有黏液，常霉变呈淡绿色，脂肪组织很软，具有油脂酸败气味。

（5）肉汤鉴别。新鲜猪肉——煮出的肉汤透明、芳香，汤表面聚集大量油滴，油脂的气味和滋味鲜美。次鲜猪肉——煮出的肉汤浑浊，汤表面浮油滴较少，没有鲜香的滋味，常略有轻微的油脂酸败和霉变气味及味道。变质猪肉——煮出的肉汤极混浊，汤内漂浮着有如絮状的烂肉片，汤表面几乎无油滴，具有浓厚的油脂酸败或显著的腐败臭味。

2. 注水猪肉的鉴别

（1）用眼看：猪肉注水后，表面看上去水淋淋的发亮，瘦肉组织松弛，色泽变淡或呈淡灰红色，有的偏黄，显得肿胀；而注了盐水、矾水的肉，色泽鲜艳。

（2）用手摸：注水猪肉用手摸会有细水珠，猪肉由于注水而冲淡了体液，所以没有黏性。

（3）用刀切：注水猪肉弹性差，刀切面合拢有明显痕迹，如肿胀一样。

（4）用纸试：卷烟纸贴在瘦肉上，过一会揭下点燃，有明火的，说明纸上有油，肉没有注水，反之则是注水的；将卫生纸贴在刚切开的切面上，不注水的猪肉，一般纸上不湿润或稍有湿润，注水的猪肉则明显湿润；将普通薄纸贴在肉上，正常鲜猪肉有黏性，纸不易揭下，注水猪肉没有黏性，很容易揭下。

（5）看血管：正常肉的血管，切开很干燥，有几丝血液附着在血管壁上，但注了水的，切开的血管很湿润或有水珠，而且血管很干净，像用水冲洗过。

（6）冷冻注水肉：冷冻注水肉表面很光滑，横切面有冰碴，底面会有血冰，化开后出水较多。

3. 常见的病害猪肉的鉴别

猪有几十种人畜共患病，病死猪肉不能吃。消费者在购买猪肉时，首先要看是不是正规定点屠宰场屠宰的猪肉，其次要对猪肉进行感官鉴别。下面是猪囊虫、猪瘟、猪丹毒三种常见病害猪肉的特征：

（1）猪囊虫肉：俗称痘猪肉，用肉眼观察就可以看到猪肉中有小米粒至豌豆大小不等（生长期不同）痘粒。在囊液中有一个白色的头节，就像石榴籽，如图 5 - 2 所示。

（2）猪瘟病肉：在周身皮肤上，包括头和四肢皮肤上，可见大小不一的出血点，肌肉中也有出血小点，全身淋巴结（俗称"肉枣"）都呈黑红色，肾脏贫血色淡，有出血点。

（3）猪丹毒病肉：疹块型的，在颈部、背部、胸腹部甚至四肢皮肤上，可见方形、菱形、圆形及不整形、突出皮肤表面的红色疹块。败血型的，可见病猪全身皮肤都是紫红色的。严重的猪丹毒病肉全身脂肪灰红或呈灰黄色，肌肉呈暗红色。

图5-2　猪囊虫肉

4."瘦肉精"猪肉的鉴别

瘦肉精的化学名为盐酸克伦特罗。它是一种人工合成的β-肾上腺素兴奋剂；人食用后重者出现心慌、肌肉震颤、头疼、神经过敏等症状；轻者感觉不明显，但长期食用可致"慢性中毒"，引致染色体畸变，诱发恶性肿瘤。购买时一定要看清该猪肉是否有红色检疫滚动章。鉴别"瘦肉精"猪肉的方法：

（1）看猪肉皮下脂肪层的厚度。正常猪在皮层和瘦肉之间会有一层脂肪，而生猪因吃含"瘦肉精"的饲料生长，导致其皮下脂肪层明显变薄，一般来说，正常猪肉的肥膘约为1~2cm，肥膘太少就要小心了。

（2）看猪肉的颜色。一般情况下，含有"瘦肉精"的猪肉特别鲜红、光亮。因此，瘦肉部分太红的，肉质可能不正常。

（3）将猪肉切成二三指宽，如果猪肉比较软，不能立于案上，则可能含有"瘦肉精"。

（4）看猪的臀部。饲喂过"瘦肉精"的生猪，屁股圆润，臀部较大。

（5）肥肉与瘦肉有明显分离，而且瘦肉与脂肪间有黄色液体流出则可能含有"瘦肉精"。一般健康的瘦猪肉是淡红色，肉质弹性好，瘦肉与脂肪间没有任何液体流出。

5. 母猪肉的鉴别

母猪肉营养差，无香味。更严重的是母猪肉含有危害人体的物质——免疫球蛋白，特别是产仔前的母猪含量更高。食用母猪肉易引起贫血、血红蛋白尿、溶血性黄疸等疾病，一定不要食用。因此，要弄清母猪肉的基本特征，认真加以鉴别，防止误购误食。

（1）一般母猪肉皮厚粗糙，有很多皱纹，毛孔清晰可见。母猪皮粗而厚，显黄色（能用漂白粉刷掉），毛孔深而大，毛根呈丛生"小"字形，背脊上尤其明显。因此，母猪皮常被卖主剥去，冒充无皮肉出售。而肥猪肉则皮薄、细白，毛孔浅小。

（2）母猪的奶头长、粗大、较硬，乳房部位的肉细、软、有皱纹，乳腺萎缩，故常被削掉。母猪的脂肪组织色黄、干涩，有力捏搓时，好像带有砂粒一样，并与肌肉分离；有的母猪肉肉皮与皮下脂肪间有一层红晕或红色层，而肥猪肉的脂肪则密而细嫩、色白。

（3）母猪瘦肉条纹粗糙，呈暗红色；而肥猪瘦肉纹路细短清晰，呈水红色，水灵细嫩。

（4）母猪的排骨弯曲度大，背脊骨筋突出，显黄色，骨头特粗。腹部肌肉较松弛，肌肉与脂肪层易剥离；切割时韧性大俗称"滚刀肉"。

（5）母猪的骨髓呈乌红色，且有黄色油样液体渗出；肥猪的骨髓中则无黄色油样液体。母猪肉很老，不易煮烂。

（四）肉制品的选购

肉制品是指以鲜、冻畜禽肉为主要原料，经选料、修整、调味、成型、熟化（或不熟化）和包装等工艺制成的食品。肉制品根据性质可分为生制品和熟制品两种。生制品如腌肉、腊肠、火腿等，食用前需熟化。熟制品如肉松、肉干、肉灌肠、熏煮火腿等，可直接食用。肉制品是我国菜篮子工程中的重要产品之一，其产品质量的好坏直接涉及消费者人身健康。肉制品的选购应注意以下六点：

1. 要看包装。熟肉制品是直接入口的食品，不能受到污染。包装产品要密封、无破损。

2. 要看标签。规范企业生产的产品包装上应标明品名、厂名、厂址、生产日期、保质期、执行的产品标准、配料表、净含量等。

3. 要看生产日期。应尽量挑选近期生产的产品。

4. 要看外观。各种口味的产品有其应有的色泽，不要挑选色泽太艳的产品，其中很可能是人为加入了人工合成色素或发色剂——亚硝酸盐。还应注意是否发生了霉变。

5. 要去大商场、大超市购买。这些场所有正规的进货渠道和良好的售后服务，产品质量有保证。而在小贩处购买不明来历的散装熟肉制品，质量无保证。

6. 要注意储存温度。有的熟肉制品需要低温冷藏，温度过高，产品就容易变质。消费者在购买时一定要看清产品的储存温度要求，尤其是夏季高温季节更应注意。

八、禽及禽蛋类的安全消费

（一）家禽肉的新鲜度的鉴别

家禽肉可通过看其新鲜度来鉴定质量的好坏。主要看嘴部、眼部、皮肤、脂肪、肌肉及肉汤。

1. 嘴部。新鲜的家禽，嘴部有光泽、干燥，有弹性，无异味。不新鲜的家禽，嘴部无光泽，部分失去弹性，稍有腐败味。腐败的家禽，嘴部暗淡，角质部软化，口角有黏液，有腐败味。

2. 眼部。新鲜家禽的眼部，眼球充满整个眼窝，角膜有光泽。如眼球部分下陷，角膜无光为不太新鲜。眼球下陷大，同时有黏液，角膜暗淡的说明已腐败。

3. 皮肤。新鲜的家禽皮肤呈淡黄色或淡白色，表面干燥，具有特有的气味。不新鲜的家禽皮肤呈淡灰色或淡黄色，表面发潮，有轻腐败味。腐败的家禽皮肤灰黄，有的地方带淡绿色，表面湿润，有霉味或腐败味。

4. 脂肪。新鲜的家禽脂肪色白，稍带淡黄色，有光泽，无异味。不新鲜的家禽脂肪色泽变化不太明显，但稍带异味。腐败家禽脂肪呈淡灰或淡绿色，有酸臭味。

5. 肌肉。新鲜家禽的肌肉结实而有弹性。鸡的肌肉为玫瑰色，有光泽，鸡的胸肌为白色或带淡玫瑰色。鸭、鹅的肌肉为红色，幼禽肉为有光亮的玫瑰色，稍温不黏，有特有的香味。不新鲜家禽的肌肉弹性变小，用手指压时，留有明显的指痕，带酸味及腐败味。腐败的家禽肌肉为暗红色、暗绿色或灰色，有重腐败味。

6. 肉汤。新鲜家禽烧成的肉汤透明芳香，表面有大的脂肪油滴。不新鲜的肉汤不太透明，脂肪滴小，有腥臭气味。腐败的肉汤浑浊，有腐败气味，几乎无脂肪滴。

（二）注水家禽肉的鉴别

在挑选时，先翻起翅膀，如周围有呈乌黑色的红色针眼，说明已注水；朝胸部肌肉轻拍几下，如果发出"啪啪"声，则说明已经注水；注过水的禽肉用手指甲掐皮层下，会明显打滑；身上高低不平，摸上去像长有肿块，就是注过水的。如果是散装禽肉，前三种方法就不太灵了，这时，您可以用一张干燥易燃的薄纸，贴在散装肉的表面上，用手按一会儿再取下，如果不能燃烧，说明已注水。

（三）蛋的新鲜度的鉴别

凡蛋壳颜色鲜艳、干净，外壳完整，用鼻嗅闻感到有一种鲜蛋的香腥气味。壳面附有极细的石灰质颗粒，好似覆一层霜状粉末，没有光泽，将蛋壳握在手中，用力摇晃，无响声的是鲜蛋。

陈蛋随时间增长色壳暗淡无光，蛋壳光滑。若存放不当，闻时有霉气味，详细观察有暗黑色小斑点。孵化过的蛋，壳很光亮。

鲜蛋打开，色呈正常，蛋壳内为纯白色，没有斑点或污物，卵白透明，卵黄色完整，黄白分明、无血丝、无腐败异臭。用灯光照蛋，新鲜蛋半透明，陈蛋有暗影。臭蛋暗影更多或不透明。

新鲜蛋的比重在 $1.08 \sim 1.09 \mathrm{g/cm^3}$ 左右，陈旧蛋的比重降低。通过测定蛋的比重即可推断其新鲜度。蛋新鲜度可以通过测定比重来快速检验，通常用以下两种方法：

1. 将蛋放入 11% 盐水中，能浮起来的为新鲜蛋；沉入 10% 盐水的为稍新鲜蛋；浮于 10% 盐水，但沉于 8% 盐水的为倾向腐败蛋；浮于 8% 盐水的为腐败蛋。

2. 取 1000ml 水加入 60g 食盐，制成比重 1.027 的盐水，倒入平底玻璃缸内。把蛋放入盐水中进行观察：刚生产的鲜蛋横沉于缸底；生产后 1 周的鲜蛋沉于缸底时钝端稍朝上翘；次鲜蛋（普通蛋）沉于缸底、直立，钝端朝上；陈旧蛋浮于水中间，钝端朝上；腐败蛋则钝端朝上浮于水面。

（四）家禽肉制品的选购

家禽肉制品中比较常见的是腌腊制食品，在购买禽类腌腊肉制品时，应首先看产品包装上是否贴有"QS"标志；同时，应选择近期的、表面干爽的产品，表面潮湿的肉制品容易有细菌繁殖。不要买颜色过于鲜艳的腌腊肉制品。食用腌腊肉制品后，应该多喝些绿茶，或多吃点新鲜蔬菜。

九、水产品的安全消费

（一）常见的水产品质量问题

水产品常见质量问题主要有：药残超标（如抗生素、氯霉素、硝基呋喃、恩诺沙星等）；水产品增重、漂白（或着色）、防腐；甲醛超标；受水质污染。

（二）发水产品的鉴别与选购

用甲醛浸泡后的水发产品的蛋白质凝固，因而变得坚韧而富有弹性，嗅之有淡淡的药水味，外观、色泽晶莹透明，十分漂亮，但食之较脆，并会觉得比较有"嚼头"，缺少海鲜特有的美味。

正常的水发水产品色泽不应过于鲜亮而脱离产品的本来颜色，应该体软少弹性，有腥气味，用手触摸时，不应过于光滑。对特别洁白、肥嫩和有异常气味的水发水产品要警惕。消费者在购买的时候千万不要只图表面"光鲜"，应尽量选择一些正规、信誉度高的销售单位。

（三）鱼类产品的选购

质量好的鲜鱼，眼睛光亮透明，眼球突起，鳃盖紧闭，鳃片呈粉红色或红色，无黏液和污物，无异味，鱼鳞光亮、整洁，鱼体挺而直，鱼肚充实、不膨胀，肉质坚实有弹性，指压后凹陷。不新鲜的鱼，眼睛浑浊，眼球下陷，掉鳞，鳃色灰暗污秽，鱼体松软，肉骨分离，鱼刺外露，有异味，肌肉松软，弹性差或没有弹性；腹部膨胀，肛门突出等。应少食或不食。

冰冻鱼虾，如果头部和体表有 4 个黑斑和 1 个黑箍，则质量低劣，接近变质或已变质。

（四）虾类的选购

质量好的对虾：头、体紧密相连，外壳与虾肉紧贴成一体，用手按虾体时感到硬而有弹性，体两侧和腹面为白色，背面为青色（雄虾全身淡黄色），有光泽。次品虾：头、体连接松懈，壳、肉分离，虾体软而失去弹性，体色变黄（雄虾变深黄色）并失去光泽，虾身节间出现黑箍，但仍可以食用。质量极不佳的虾：掉头，体软如泥，外壳脱落，体色黑紫，这类虾的营养价值下降较多，如果是在不洁环境下长时间存放的，有可能感染致病菌等微生物，不宜再食用。

（五）蟹类的选购

质量好的海蟹背面为青色，腹面为白色并有光泽；蟹腿、螯均挺而硬并与身体连接牢固，提起有重实感。次品海蟹背面呈青灰色，腹面为灰色，用手拿时感到轻飘，按头胸甲两侧感到壳内不实，蟹腿、螯均松懈或碰到即掉。质量严重不佳的海蟹，背面发白或微黄，腹面变黑；头胸甲两侧空而无物；蟹腿、螯均易自行脱落。垂死或已死的河蟹不能买。当河蟹垂死或已死时，蟹体内的组氨酸会分解产生有毒的物质，引起食用者中毒。

（六）蟹类的选购

活的贝壳类贝壳紧闭，不宜解开，如开口者，手触动即合拢，剥开后，体液清晰，浅红带黄色，蚶体饱满，气味正常。死的贝壳易揭开，已张开的手触动不闭合，剥开后体液浑浊，蚶体干缩，有腐臭味。贝类死后不能食用。

十、豆制品的安全消费

豆制品是以大豆或其他杂豆为主要原料加工制成的。按生产工艺可分为发酵性豆制品和非发酵性豆制品。发酵性豆制品主要包括腐乳、豆豉等；非发酵性豆制品主要包括豆腐、豆腐干、豆腐皮、腐竹、茶干等。豆制品不仅营养丰富，而且价格低廉，食用方法多种多样，深受人们的喜爱。由于豆制品的品种较多，特性各异，因此消费者在选购时应按其各自特点来挑选。购买豆制品最好到有冷藏保鲜设备的大型商场、超市。选购袋装的豆制品，不要选购散装豆制品。真空袋装豆制品原则上要比散装的豆制品卫生，保质期长，携带方便。选购时要查看袋装豆制品是否标签齐全，选购近期生产的产品。

1. 豆腐。颜色应为白色或乳白色，豆腐切面应不出水，表面平整，无气泡，拿在手里摇晃无豆腐晃动感，开盒可闻到少许豆香气，倒出切开不坍不裂、切面细嫩，尝之无涩味，当天生产的可以凉拌食用，在10℃以下可保存3天不变质、无酸味。

2. 豆腐干。分为白豆腐干、五香豆腐干、蒲包豆腐干、兰花豆腐干等品种，好的白豆腐干表皮光洁呈淡黄色，有豆香味，方形整齐，密实有弹性。五香豆腐干表皮光洁带褐色，有五香味，方形整齐，坚韧有弹性。蒲包豆腐干为扁圆形浅棕色，颜色均匀光亮，少许五香味，坚韧密实。兰花豆腐干表面与切面均金黄色，刀口的棱角看不到白坯，有油香味。

3. 素鸡。外观颜色为乳白色或淡黄色，无重碱味，外观圆柱形，切开后刀口光亮，看不到裂缝、烂心，每只重量不超过750g。

4. 腐乳。又名豆腐乳。风味独特，质地细腻，营养丰富。腐乳可分为红腐乳、白腐乳、青腐乳、酱腐乳及各种花色腐乳。腐乳应表里色泽基本一致，滋味鲜美、咸淡适口、无异味，块型整齐、厚薄均匀、质地细腻。在挑选腐乳时，可观其色，闻其味。白色中透着黄色，有豆香味，是上好的腐乳。

5. 豆豉。按加工原料分为黑豆豉和黄豆豉，按口味可分为咸豆豉和淡豆豉。豆豉可作为调料，也可直接蘸食。豆豉为传统发酵豆制品，以颗粒完整、乌黑发亮、具有酱香、酯香浓郁、滋味鲜美、咸淡可口、无苦涩味、质地松软即化且无霉腐味为佳。

6. 豆芽。买豆芽应尽量去大的超市里买，如果在其他地方买则要注意：一闻，二看，三拍。

（1）闻豆芽上的气味：健康的豆芽闻起来很清爽，而有"尿素"味道的豆芽是不正常的。

（2）看豆芽身：自然培育的豆芽芽身挺直稍细，芽脚不软、脆嫩、光泽白，而用化肥浸泡过的豆芽，芽身粗壮发水，色泽灰白。

（3）看豆芽根：自然培育的豆芽，根须发育良好，无烂根、烂尖现象，而用化肥浸泡过的豆芽，根短、少根或无根。

（4）看豆粒：自然培育的豆芽，豆粒正常，而用化肥浸泡过的豆芽豆粒发蓝。

（5）要把豆芽掐开看水分，健康的豆芽水分比较多。

十一、奶制品的安全消费

（一）鲜奶的鉴别

1. 看色泽。鲜牛奶为乳白色或稍带淡黄色，不新鲜的牛奶为微红色或淡褐色，也有呈浅蓝色的不新鲜牛奶。导致牛奶颜色不正常的主要原因是奶牛有乳头炎或乳头出血病症，或某些产色素的细菌在牛奶中生长发育。

2. 测稠度。鲜牛奶不发黏，无絮状物、无凝块、无沉淀，呈均匀一致的胶状流体；不新鲜的牛奶发生黏滑，呈凝块或絮状物或水样，并有异常味道，这是由细菌引起的。

3. 闻气味。鲜牛奶具有清香气味，陈旧或污染不洁的牛奶有臭味，是由于细菌产酸或牛奶中混有毛、沙土、粪渣或牛奶放置时间太长的缘故。

4. 尝滋味。鲜牛奶煮沸时，香味增加，煮沸后晾至室温品尝，味道可口而微甜，不应有咸味、酸味、苦味及腐败味，有腐败味者系变质牛奶，不可食用。

（二）如何合理选购和饮用酸奶

酸牛奶（俗称酸奶）是以牛乳或复原乳为主要原料，添加或不添加辅料，经巴氏消毒后，加入乳酸菌菌种，保温发酵制成的产品。它不仅具有奶的营养价值，其中的特殊微生物还会抑制人体肠道中的腐败菌，促进营养物质的消化吸收。

在选购酸奶产品时应选择规模较大、产品质量和服务质量较好的知名企业的产品。同时，要仔细看产品包装上的标签标识，特别是要看配料表和产品成分表，以便区分产品是纯酸牛奶，还是调味酸牛奶，或是果料酸牛奶，再根据产品成分表中脂肪含量的多少，选择自己需要的产品。

酸奶应具有纯乳酸发酵剂制成的酸牛奶特有的气味，无酒精发酵味、霉味和其他外来的不良气味，色泽均匀一致，呈乳白色或微黄色，凝乳均匀细腻，无气泡，允许有少量黄色脂膜和少量乳清，酸甜适口。由于酸牛奶产品保质期较短，一般为一周，且需在 $2 \sim 6$℃下冷藏，因此选购酸牛奶时应少量多次。

在选购酸奶时，应认真区分酸奶和酸奶饮料，酸奶饮料的蛋白质、脂肪的含量较低，一般都在 1.5% 以下，所以选购时要看清产品标签。

在饮用酸奶时，以下几个问题需要引起注意：

1. 忌空腹喝酸奶。适宜乳酸菌生长的 pH 值为 4 以上，空腹时，人的胃液酸度 pH 值在 2 以下，饭后胃液被稀释，pH 值可上升到 3.5。因此，空腹饮用酸奶时乳酸菌易被杀死，保健作用减弱，而饭后饮用，保健功能较好。

2. 酸奶忌加热。酸奶中的活性乳酸菌对人体有益无害，它可分解鲜牛奶中的乳糖而产生乳酸，使肠道酸性增加，有抑制腐败菌生长和减弱腐败菌在肠道中产生毒素的作用。此外，活性乳酸菌还具有增强胃肠消化能力的作用，而经过加热煮沸后，不仅酸奶的特有风味消失，而且其中的有益菌也被杀死，营养价值大为降低。

3. 喝酸奶后要漱口。随着酸奶及乳酸菌饮品消费的增多，儿童龋齿发生率也在上升，这与经常饮用乳酸菌饮料不无关系。因为乳酸菌中的某些菌种对龋齿的形成起着重要作用，因此，在饮用酸奶或乳酸菌饮料后应及时用白开水漱口。

4. 婴儿不宜喂酸奶。酸奶虽能抑制和消灭病原菌的生长，但同时也能破坏婴儿体内有益菌群体的生长条件，影响婴儿正常的消化功能。

（三）选择奶制品应注意的问题

我国关于奶制品生产及销售有严格的管理规定。其中主要包括原料奶的验收、加工、生产条件与规范、产品标准及检验项，对于产品包装与标识也有严格的规定。在购买奶制品时应注意以下几点：

1. 购买奶制品时应选用正规、有一定知名度和规模的厂家的产品。

2. 在购买奶制品之前弄清楚产品的标识、产品说明、产品的生产日期及保质期，以及产品的真实属性，即产品为纯牛奶、调味乳还是乳饮料或其他的类型。

3. 不同的消费人群应选择适合自身特点的产品，如乳糖不耐症的人群应选用低乳糖奶或酸牛奶等乳糖含量少的产品，儿童应选用儿童酸奶；对于奶粉来说，不同年龄段的人群可以选择适合不同的配方奶粉，比如婴儿配方奶粉、中小学生奶粉、孕妇奶粉、中老年奶粉、低脂无糖奶粉、低脂高钙奶粉等。

4. 纯牛奶的奶香味是很淡的，如果奶香味十足肯定就是加了香味剂。

5. 过浓的牛奶小心是复原奶或者加了增稠剂和脂肪等物质的牛奶。牛奶不是越浓品质越好。

6. 不要去超市购买廉价处理和捆绑销售的奶制品。在常温下存放的酸奶不但容易腐败，而且酸奶中益生菌会大量死亡，进食后会严重影响身体健康。应将酸奶存放在 2～4℃ 的冰箱或冷库内，储存时间不应超过 72 小时。有条件尽量选择巴氏消毒奶。它是最接近天然状态的纯鲜奶，营养成分丢失得最少。

7. 不要选择过多加工过的牛奶。如高钙奶、高纤维素的奶、果味牛奶等，多次加工会使得牛奶的一些营养成分丢失，而且添加的物质未必是身体需要的营养成分。

8. 不要直接饮用刚挤出的生乳，因为从挤出、存放到饮用，要经过许多环节，每个环节都可能受到细菌污染，有些母畜还可能患病（结核、布氏杆菌病等），使病菌的传播机会更大。

9. 不宜长时间饮用羊奶、马奶。虽然羊奶和马奶中的蛋白质、乳糖等营养成分非常接近于牛奶，但羊奶缺乏叶酸和维生素 B_{12}，且磷的含量高，不利于钙的吸收，马奶普遍缺乏多种维生素。

10. 不要给婴幼儿选择酸奶饮料，因为其中营养成分低下，尤其是蛋白质和脂肪含量都比较低，而人工添加剂很多，造成口味俱佳，满足孩子的口感，但是长期饮用却会影响孩子的生长发育。

十二、含有食品添加剂的食品的选购

食品添加剂，指为改善食品品质和色、香、味以及为防腐、保鲜和加工工艺的需要而加入食品中的人工合成或者天然物质。食品添加剂必须符合既不影响食品的营养价值，又防止食品腐败变质、增强食品感官性状或提高食品质量的作用，且必须是对人体无害的。

一般来说食品添加剂分天然和化学两大类。天然的食品添加剂是指利用动植物或微生物的代谢产物等为原料，经提取所获得的天然物质；化学合成的食品添加剂是指采用化学方法合成的物质，目前使用的添加剂大多属于化学合成食品添加剂。

我国的《食品添加剂使用卫生标准》将食品添加剂按用途分为 22 类：包括酸度调节剂、抗结剂、发泡剂、消泡剂、防腐剂、抗氧化剂、保鲜剂、漂白剂、发色剂、膨松剂、凝固剂、乳化剂、品质改良、着色剂、护色剂、酶制剂、增味剂、营养强化剂、甜味剂、增稠剂、香料、其他添加剂。

（一）非食用物质添加剂的食品识别技巧

学会一些识别技巧。质监部门在日常检查中发现，很多黑作坊会将硫磺、甲醛、吊白块、烧碱等非食用物质添加到食品中，从而引发食品安全事件。因此，消费者应学会一些识别技巧。硫磺多隐藏在银耳、瓜子、馒头等食品中，通过观察颜色和分辨气味来进行辨别，比如说银耳，它本身是没有味道的，消费者购买时可以先取少许试尝，如果舌头有刺激的感觉，就说明该食品是用硫磺熏制的。甲醛一般隐藏在海鲜、肉制品、豆制品等食品中。鉴别办法是，甲醛泡过的食品形体比较大，而且色泽较浅，在吃的过程中，能明显感到入口爽滑，嚼起来特别脆。豆腐、米粉、鱼翅等食品则是吊白块的主要隐藏地，像豆腐、腐竹等本身含有自然颜色的食品，如果看上去特别白，则有可能掺入了吊白块。对于水产品来说，消费者购买时可通过看、闻、捏来鉴别，新鲜正常的水产品应该带有一些海腥味，加了吊白块的水产品则

会有轻微的福尔马林的刺激味。

（二）不单一选择某种固定食品

从健康角度讲，不要吃单一食品，吃得越杂越好。需要注意的是，要防止食品添加剂的累积性危害，以年轻人喝饮料为例，有的人可能只喜欢某种饮料，几乎天天喝，这对身体是有害的。有的饮料在制作时加入的苯甲酸钠虽然符合国家要求，没有超量使用，人们饮用也绝对没有问题，但日积月累在人体残留的苯甲酸钠就很有可能超标，对人体造成危害，而这种危害往往是隐性的，不会立即显现。消费者尽量不要单一选择某种固定的食品，吃得越杂越好。

（三）尽量选择加工程序较少的食品

尽管工作紧张，也要尽量在家自己烹调，不要过度依赖加工食品和快餐食品。否则，身体里累积的各种添加剂就会增多。因此，尽量少吃加工过的食品，应多选择天然食品或加工程序较少的食品。如果去超市购物，生鲜区应是首选；新鲜蔬菜只经过清洁和运送，可以说完全不含添加剂；鲜肉也是如此，相比加入各种防腐剂、着色剂、抗氧化剂的熟食和肉制品来说不知要省略多少种化学物质；各种零食基本上都是加工程序繁琐的食品，尽量少吃。

（四）认准 QS 标志

购买食品时最起码要认准 QS 标志。消费者最好去大型场所，选择食品时要多注意观察，不要盲目购买拿不准的食品；消费者有权要求销售场所提供第三方公证机构出具的食品合格报告以及厂家出具的厂检报告。而需要注意的是，厂检报告是批检，消费者查看时要对照食品包装袋上的生产日期。"如果销售场所不提供或提供不出，消费者可向有关部门举报。买东西的时候，好好看看上面的原料说明。尤其要看一下成分说明，尽量选购化学名称少的食品，尤其对于儿童来说，我国规定 2 岁内婴幼儿食品中禁止添加除营养强化剂之外的任何食品添加剂。因此，不要随意给婴幼儿购买饮料、水果制品、糖果、点心等食物，除非是专门制作的婴儿食品。

（五）慎选颜色过艳、口味过重的食品

不少人在选购食品时，往往会看中颜色、口味，殊不知颜色过于鲜艳、口味过重、香气明显的食品很可能是食品添加剂的使用量超标。尽量少食用带色素的食品。购买含有漂白剂的食品时，消费者要认准食物原色，银耳、粉丝、腐竹等食品外表异乎寻常的光亮和雪白，如本来偏黄的牛百叶非常白净，最好不要购买。

第四节　食物中毒的预防与处理

食物中毒是指摄入了含有有毒有害物质的食品或者把有毒有害物质当作食品摄入后出现的急性亚急性疾病。轻者影响身体健康，重者危及生命。

一、常见食物中毒的种类

（一）细菌性食物中毒，真菌中毒。

容易被细菌污染的食物：肉、鱼、蛋、乳等及其制品，如烧、卤肉类，凉菜、剩余饭菜等。霉变食物中毒，如赤霉病麦、霉变甘蔗等中毒。真菌中毒，如毒蘑菇。

（二）有毒动植物食物中毒

1. 有毒动物组织中毒，如河豚、贝类及鱼类引起的组胺中毒等。

2. 有毒植物中毒，豆角、毒蕈、含氰甙植物及棉籽油的游离棉酚等中毒。

（三）化学性食物中毒

如重金属、亚硝酸盐及农药中毒等。被农药污染的蔬菜、水果，受有毒藻类污染的海产贝类等。

常见食物中毒类型与中毒因子关联表

中毒性质分类		常见中毒因子
化学性	农药类	有机磷或氨基甲酸酯类，有机氯类等。
	鼠药类	毒鼠强、氟乙酰胺、敌鼠钠盐、安妥、磷化锌等。
	金属无机盐类	砷、锑、铋、汞、银化物，无机砷，金属汞，铅化物，钡盐，铊盐、锌盐、亚硝酸盐等。
	白酒类	甲醇
	油脂类	酸败油脂，矿物油，有毒植物油如桐油、大麻油、巴豆油、蓖麻油、粗制棉籽油等。
	造假、非法添加物类	无蛋白质的乳粉，含大量三聚氰胺的乳粉，含瘦肉精、莱克多巴胺的猪肉等。
真菌性	真菌及毒素类	黄曲霉毒素 B_1，黄曲霉毒素 M_1，总黄曲霉毒素，伏马菌素 B_1，赭曲霉毒素 A，玉米赤霉烯酮，T－2 毒素，脱氧雪腐镰刀菌烯醇（呕吐毒素），甘蔗节菱孢等。
动植物性	鱼类、贝类	河豚鱼，高组胺鱼类，鱼胆，鱼卵，有毒贝类（肝型、神经毒素型、记忆丧失型、腹泻型、麻痹型、日光性皮炎型），某些热带和亚热带鱼类。
	动物脏器类	动物甲状腺体、肾上腺体，富含高浓度维生素 A 的狗肝和鲨鱼等肝脏。
	有毒植物类	麦角，毒麦，曼陀罗，毒蘑菇（溶血型、神经毒型、胃肠炎型、脏器损伤型），鲜黄花菜，野芹菜，发芽马铃薯（土豆），银杏（白果），木薯，果仁，生豆角、生豆浆、生豆粉，有毒植物油如桐油、大麻油、巴豆油、蓖麻油、粗制棉籽油等。
	有毒蜂蜜类	博落回蜜、雷公藤蜜、昆明山海棠蜜
细菌性	致病菌及其毒素类	沙门氏菌，金黄色葡萄球菌，大肠 O157 杆菌，付溶血弧菌，阪崎肠杆菌，蜡样芽胞杆菌，大肠埃希氏和耐热大肠菌群，变形杆菌，志贺氏菌，类志贺邻单胞菌，小肠结肠炎耶尔森氏菌，肠球菌，空肠弯曲菌，气单胞菌，产气荚膜梭菌，椰毒假单胞菌，李斯特氏菌（腹泻型、侵袭型），肉毒梭菌，肠道病毒等等。

（四）在某一特定环境下能产生有毒物质的食品

发芽的马铃薯；霉变的甘蔗；未加热煮透的豆浆、芸豆角、杏仁、木薯、鲜黄花菜等。

日常生活中常见的食物中毒主要以细菌性食物中毒多见。另外，菜豆中毒、豆浆中毒和因误食有毒有害物质引起的中毒也时有发生。

二、食物中毒后的处理

食物中毒来势凶猛，时间集中（夏秋季多发）。群体食物中毒的表现是，在短时间内，单个或同时发病，以恶心、呕吐、腹痛、腹泻为主，往往伴有发烧。严重者，还可发生脱水、酸中毒，甚至休克、昏迷等症状。

出现这种症状时首先应立即停止食用中毒食物，马上向急救中心 120 呼救，在医院进行洗胃、导泻、灌肠。有一些本来就有基础病的老人，如冠心病、高血压等要特别注意护理，血液黏稠物增多可能会导致病情加重。

特别要注意保存导致中毒的食物，提供给医院检疫，如果身边没有食物样本，也可保留患者的呕吐物和排泄物，确定中毒物质对治疗来说是非常重要的。越早去医院越有利于抢救，如果超过两个小时，毒物被吸收到血液里就比较危险了。重症中毒者要禁食半天左右，可静脉输液，待病情好转后，再进些米汤、稀粥、面条等易消化食物。

三、防止食物中毒的措施

1. 食品保管：暂时不吃的肉菜，经及时加工后，放入冰箱，生熟食要分开存放。不食超过保质期的食品。米面、干菜、水果等要妥善保存，严防发霉、腐烂、变质，防止老鼠、苍蝇、蟑螂等咬食污染。要妥善保管有毒、有害物品如消毒剂、灭鼠药等，要远离食品存放处，防止误食误用。

2. 生、熟食品加工要分开，切过生食的刀和案板一定不能再切熟食，摸过生肉的手一定要洗净再去拿熟肉，避免生熟食品交叉污染。

3. 饮食要卫生，生吃的蔬菜、瓜果、梨桃之类的食物一定要洗净皮。烹调后的食品应在 2 小时内食用，不要吃隔夜变味的饭菜。不要食用腐烂变质的食物和病死的禽、畜肉。剩饭菜食用前一定要热透。

4. 进食用餐：用餐者都要养成吃饭前后、大小便前后彻底洗好双手。进餐时若发现有腐败变质、发霉有馊味或夹生食物，或有被蝇叮爬过的食品，均不可食用。

5. 食后观察：凡进食一天内突然出现恶心呕吐、腹痛、腹泻、头晕、发热等症状，或在短期内在同一食堂进餐的多名人员发生相同症状，就应怀疑为食物中毒。此时应急呼 120，同时向上级报告，组织检查救治。并对病人的进食、呕吐物、大便、尿、血进行有关检毒化验，还要保护好现场。另外，食物中毒要多加休息，以免造成不必要的后果。

思考题

1. 什么是食品安全？

2. 目前影响我国食品安全的主要因素？

3. 食品选购的原则？

4. 什么是食物中毒？

5. 如何进行食物中毒的预防与处理？

（裴丽萍）

本篇参考文献

1. 糜漫天. 国家公共营养师职业培训辅导教材. 第 1 版. 重庆：重庆大学出版社，2011

2. 邓瑛. 突发食品卫生事件预防与应急处理. 第 1 版. 北京：中国协和医科大学出版社，2009

3. 侯玉泽，李松彪. 食品卫生快速检验技术. 第 1 版. 北京：中国农业出版社，2008

4. 汪百鸣．食品卫生管理员读本．第 1 版．合肥：安徽科学技术出版社，2008

5. 韩梅，乔晋萍．医学营养学基础．第 1 版．北京：中国医药科技出版社，2011

6. 郭红卫．医学营养学．第 1 版．上海：复旦大学出版社，2009

7. 韩增师，黄杰，刘志刚．食品卫生管理员培训教材．第 1 版．济南：黄河出版社，2005

8. 张晓燕．教育部高职高专规划教材 食品卫生与质量管理．第 1 版．北京：化学工业出版社，2006

9. 李敬鹉，刘燕敏，邰启生，等．公共卫生教育读本．第 1 版．北京：中国法制出版社，2003

10. 李金年，任新生．急救手册 社区医生版．第 1 版．天津：天津科学技术出版社，2009

第六章　除四害

学习目标

应知（知识目标）
- 灭鼠的程序。
- 灭蟑螂的程序。
- 乡村安全员职责。

应会（技能目标）
- 灭鼠的方法。
- 灭蚊的方法。
- 灭蝇的方法。
- 灭蟑螂的方法。

第一节　灭　鼠

一、灭鼠程序

1. 鼠害实地勘察：首先调查老鼠的种类、数量、入侵途径、栖息地等。

2. 制定防治方案：根据掌握的基本情况，结合老鼠的生物学特性，制定防治方案。

3. 改良环境：铲除老鼠滋生场所，治理周边环境，堵塞老鼠进出通道，卡死老鼠入侵途径。

4. 进行分批、分期投药，按方案进行灭鼠。

5. 检查死鼠效果，检测老鼠密度，判断老鼠数量。

6. 进行定期检查：检查毒饵消耗情况，移除死鼠，发现新鼠道，进行堵塞。

7. 巩固防治效果，投放药量要足够，经常检查密度。

二、灭鼠方法

1. 生态灭鼠

采取各种措施破坏鼠类的适应环境，抑制其繁殖和生长，使其死亡率增高。可结合生产进行深翻、灌溉和造林，以恶化其生存条件。此法必须与其他方法配合，才可奏效。主要是通过恶化鼠类的生存条件，降低环境对鼠类的容纳量来实现。其中减少鼠的隐蔽场所和断绝食物来源更为重要。通过改良环境，包括防鼠建筑、断绝鼠粮、农田改造、搞好室内外环境卫生、清除鼠类隐蔽处所等，也就是控制、改造、破坏有利于鼠类生存的生活环境和条件，使鼠类不能在那些地方生存和繁衍。生态学灭鼠是综合鼠害防治中很重要的一环。

2. 生物灭鼠

用于灭鼠的生物，既包括各种鼠的天敌，又包括鼠类的致病微生物；后者在目前很少应用，甚至有人持否定态度。利用鼠类的天敌来控制其数量，所以应保护自然界鼠类的天敌，如猫头鹰、蛇、狐、鼬等。天敌中家猫虽可灭鼠，但家猫可传播鼠疫及流行性出血热，故在这两种病的疫区不能靠猫灭鼠。鼠类的天敌很多，主要是食肉目的小兽如黄鼬、野猫、家猫、狐等，鸟类中的猛禽如鹰、猫头鹰等，还有蛇类。因此保护这些鼠类天敌，对减少鼠害是有利的。

3. 器械灭鼠

用鼠夹、捕鼠笼捕鼠。此法不适用于大面积或害鼠密度高的情况。

器械灭鼠效果最好的应该是电子捕鼠器灭鼠，电子捕鼠器是利用鼠目寸光的原理，老鼠在碰到细铁丝时，会被细铁丝的高压电流击晕，电子捕鼠器会发出声光报警。当人们把击晕的老鼠捡走，又可以继续打第二只老鼠了。这样重复打下去，一晚上可捉10～100只活鼠不等。电子捕鼠器只适用一些老鼠较多的区域，如酒店厨房、超市的操作间等，由于电子捕鼠器有一定的危险性，需要专业的技术人员操作。

用强力胶来粘老鼠：老鼠粘到上面不能动弹，会被饿死。强力胶安全无毒，而且很便宜。

4. 药物灭鼠

此法效果好收效快，适应范围广，可大面积灭鼠。但要注意选用高效、低毒、低残留、无污染和第二次中毒危险性小，不使害鼠产生生理耐药性的灭鼠剂。（杀鼠灵、甘氟、敌鼠钠盐、毒鼠磷、大隆，如若无效，请多等些时日）。

5. 其他安全灭鼠方法

水泥灭鼠：将大米、玉米、面粉等食品炒熟，放少许食用油，然后拌入干水泥，放在老鼠出没的地方。老鼠食后，水泥在肠道内吸收水分而凝固，使老鼠腹胀而死。

柴油灭鼠：把黄油、机油、柴油拌匀，投放在鼠洞周围。老鼠粘上油，易粘尘土，使老鼠感到不舒服，用嘴去舔，柴油随消化道进入肠胃后，腐蚀肠胃致死。

漂白粉灭鼠：发现鼠洞后，封死后洞，从前洞投入 20 克漂白粉，再往洞内灌入适量水，迅速封严洞口，漂白粉遇水产生氯气，会把老鼠毒死在洞内。

氨水灭鼠：用氨水 1~1.5 千克，灌入老鼠洞内，立即堵住洞口，其气味可将老鼠熏死。用氨水毒杀过老鼠的鼠洞，一年内老鼠不敢入内。

三、灭鼠时应注意事项

1. 有鼠洞的地方，鼠药一定要放在鼠洞的里面，这样老鼠会最快地取食鼠药，而且可以避免其他家禽或家畜误食。

2. 没有鼠洞的地方，要将药施放在老鼠经常出没的地方，尽量放在隐蔽处或角落，不要让小孩拿到，关好家禽家畜。

3. 禁止成片或随意撒放。

4. 鼠药连续投放两天至七天效果更好，一周后撤回饵料，在灭鼠期间注意捡拾死鼠，并将数量记录在消杀服务记录中（死鼠集中深埋处理）。

5. 投放鼠药必须在保证安全的前提下进行，必须挂上明显标识。

6. 消杀作业完毕，应将器具、药具统一清洗干净保管。

7. 配制饵料时，鼠药应按比例撒在饵料中混匀，工作人员必须戴口罩、手套，禁止裸手作业。

8. 配制饵料时不要用发霉的谷物，以免影响适口性。

9. 饵料要及时应用，注意保管，不要丢失，避免意外事故发生。

10. 工作完后要注意用碱液清洗干净放回原处，工作人员脱掉工作服后要立即洗手洗脸。

11. 在工作场所绝对禁止吸烟、吃东西，少说话，以免误食中毒。

12. 禁止使用急性剧毒鼠药。

第二节　灭　蚊

常见的蚊子传播的疾病：①疟疾。是通过带有疟原虫的蚊子吸吮人血而侵入人体。②登革热。是通过带有登革热病毒的蚊子吸吮人血而侵入人体，登革热病毒可从卵传给蚊的下一代。③流行性乙型脑炎。它是由乙脑病毒引起，经蚊子传播的人畜共患的中枢神经系统急性传染病。

一、消灭蚊子生存环境

有的居住环境差，周围死水多，需要经常喷药。解决办法：及时清理垃圾，不要留死水。

关上门窗，在窗前放置一个盆，盆中加点混合洗衣粉的水，第二天，水盆中就会有一些死去的蚊子。每天持续使用这种方法，几乎可以不用再喷杀虫液去杀蚊子了。而且蚊子也会越来越少。因为洗衣粉带碱性，蚊子是不宜生长在带碱的水中的，可是洗衣粉水中有香料，又会让母蚊误以为有食物就把卵产在其中。从而就达到了灭蚊的效果。

二、驱蚊植物

夜来香：又名夜香树，原产美洲热带。叶片心形，边缘披有柔毛。每逢夏秋之间，在叶腋会绽开一簇簇黄绿色的吊钟形小花，当月上树梢时它即飘出阵阵清香，这种香味，却令蚊子害怕，是驱蚊佳品。

薰衣草：是一种蓝紫色的小花。原产地为地中海，喜干燥，花形如小麦穗，通常在六月开花。薰衣草本身具有杀虫效果，人们通常把用薰衣草做成的香包放在橱柜中，也有的把它放在卧室，用于驱蚊。

天竺葵：天竺葵花团锦簇，丰满成球。高温时节，摆放室外疏荫环境；寒冷时节，在明亮室内观赏。它的特别气味使蚊蝇闻味而逃。

驱蚊草：驱蚊香草散发的柠檬香味主要是有驱蚊功效的香茅醛、香茅醇等多种芳香类天然精油，达到驱蚊目的。

三、普通灭蚊方式的介绍

1. 蚊香。蚊香是用木屑、化学助燃剂等制成，并加入了除虫菊酯的药物，蚊香点燃后，除虫菊酯随着烟雾挥发出来，使蚊子的神经麻痹或坠地，起到驱灭蚊虫的作用。除虫菊酯可以在人体内积累，家里有婴儿和孕妇慎用。蚊香使用时要放在上风口，最好在睡前二三个小时开始使用。需要注意的是，盘香的质量好坏主要在于涂的药物是否够量和是否易断，不是产生的烟越大越好，微烟最好。

2. 虫气雾剂。它的成分比较复杂，主要含有丙炔菊脂、煤油、甲醛等化学成分，会对环境造成严重的二次污染，长期使用，蚊子体内会产生耐药性。黄昏天暗蚊子开始往屋内飞，所以这时灭蚊效果最好。而屋内墙角、天花板、床底和座椅背后等是蚊子最喜欢躲的地方，因此，喷射气雾剂的时候，要特别留意。人们在使用气雾剂过程中存在的误区是使用量过大，这样效果反而不好。效果好坏关键看喷的位置，应向蚊子的隐藏处喷药，适量即可，不要满屋子喷。

3. 击灭蚊器。声响大，影响睡眠，它是一种被动式灭蚊，只有当蚊子碰到电器的正负两极电源才能将蚊子电死，使用不慎会有触电危险。

4. 声波驱蚊。是利用 20kHz 以上的超声波，模仿蜻蜓和雄性蚊子翅膀振动发出的声音，蜻蜓是蚊子的天敌，雌性蚊子在吸血时不喜欢雄性蚊子接近，达到驱蚊的目的，长期使用亦会令人产生莫名不安及后遗症。

5. 蚊片。是将强力毕那命（右旋丙菌酸）加入纸浆中制成，受电热元件加热后，使驱蚊药物散发到空气中，达到灭蚊的效果。但强力毕那命是有低毒物质。

6. 蚊液。主要成分是避蚊胺，其原理是药物直接作用在蚊子的触觉器官及化学感受器从而驱赶蚊虫，直接涂于皮肤上常常会造成皮肤过敏。

第三节　灭　蝇

苍蝇的种类：包括家蝇、市蝇、丝光绿蝇、大头金蝇。

苍蝇能传播的疾病：我们在常见的蝇类体表就检测到 30 多种病原微生物，它能传播几十种疾病，如霍乱、伤寒、副伤寒、肝炎、痢疾、脊髓灰质炎等肠道传染病。

苍蝇的寿命：一只苍蝇的寿命在盛夏季节可存活 1 个月左右。但在温度较低的情况下，它的寿命可延长 2 至 3 个月，低于 10 度时它几乎不能进行活动，寿命更长些。苍蝇具有一次交配可终身产卵的生理特点，一只雌蝇一生可产卵 5 ~ 6 次，每次产卵数约 100 ~ 150 粒，最多可达 300 粒左右。一年内可繁殖 10 ~ 12 代。

苍蝇的食性：苍蝇的食性很杂，香、甜、酸、臭均喜欢，它取食时要吐出嗉囊液来溶解食物，其习惯是边吃、边吐、边拉。有人作过观察，在食物较丰富的情况下，苍蝇每分钟要排便 4 ~5 次。

消灭苍蝇的最佳方法：灭蝇的方法有多种，最彻底的方法是控制和处理好苍蝇的孳生物；最有效的方法是用蝇拍拍打；最常用的方法是捕蝇笼诱捕；此外还有灭蝇毒饵、毒蝇绳、粘蝇纸、喷洒杀虫剂等方法。苍蝇是一种完全变态昆虫，其一生中有卵、幼虫（蛆）和蛹三个时期是在孳生物中度过的，因此将苍蝇消灭掉的最佳方法是将适合苍蝇孳生的物质处理好。如垃圾袋装化（袋子要完好不能破损，袋口要扎紧）、不乱丢垃圾，不随地大便、处理好宠物的粪便等。

第四节　　灭蟑螂

蟑螂的种类：全世界的蟑螂在 1982 年已达 5000 多种。我国现在已有 200 种之多。但是绝大多数蟑螂都在野外生活，与人类关系密切的种类只有 10 多种。

蟑螂传播的疾病：蟑螂携带有 40 多种细菌、10 多种病毒、7种寄生虫卵以及 12 种属的霉菌，据调查，蟑螂身上携带黄曲霉菌的检出率为 29% ~50%，这些都是会引起致畸、致癌的物质。

蟑螂隐藏的场所：蟑螂昼伏夜出，白天大多钻在靠近水源、食源、热源附近的墙壁、家具的"缝、洞、角、堆"中。我们灭蟑螂时，应注意这些地方是喷药、投放蟑螂毒饵的重点。

现在常用的有效的方法有投放灭蟑螂毒饵、喷洒杀虫药、涂抹杀蟑螂粉笔、撒药粉、施放杀虫烟雾等，根据实际情况，选择使用。除了用化学药物杀灭害虫的方法外，灭蟑螂也可用粘捕盒、诱捕瓶等物理方法诱杀。

投放灭蟑螂毒饵的诀窍：投放毒饵是常用的一种简便的灭蟑螂方法，但要使用得当，诀窍是"量少、点多、面广"，即在一间房子内投毒点多些，每个点上用药量少些，分布面要广些。这样蟑螂从栖息场所爬出来就能吃到毒饵，杀灭效果显著。为了防止毒饵受潮失效，宜将毒饵颗粒盛放在瓶盖里布放。用含杀虫剂的粉笔涂划在蟑螂活动场所。在蟑螂栖息的缝、洞和角落周围以及它们经常活动的地方，用药笔画圈或"井"字，使蟑螂进出或活动时都因沾上涂画的粉迹而被毒死。涂划的道不能太细，应为 2～3 厘米的粗线。

思考题

1. 常见的灭鼠法？
2. 常见的灭蚊法？
3. 常见的灭蝇法？
4. 常见的灭蟑螂法？

（裴丽萍）

本篇参考文献

1. 周莉．农村乡镇及社区环境卫生．第 1 版．贵阳：贵州科技出版社，2007

2. 贾树队．环境卫生培训教材．第 1 版．北京：中国医药科技出版社，2001

3. 李敬鹉．公共卫生教育读本．第 1 版．北京：中国法制出版社，2003

4. 中华人民共和国农业部．农村公共卫生 100 问．第 1 版．北京：中国农业出版社，2009

5. 范春，王蕊．环境卫生与健康 365．第 1 版．赤峰：内蒙古科学技术出版社，2001

6. 全国爱国卫生运动委员会办公室．除四害指南．第 1 版．北京：科学出版社，1994

7. 袁惠章．除四害简明教程．第 1 版．上海：上海医科大学出版社，1994

第七章　用电安全

学习目标

应知（知识目标）
- 规范用电知识。
- 常用家电设备的安全使用年限。
- 家用电器设备安全注意事项。
- 电磁波对安全健康的影响。

应会（技能目标）
- 家用电器设备的保养。
- 住房的避雷功能的判断。
- 家庭用电安全检查。

第一节　用电安全基本知识

一、用电安全常识

（一）照明开关为何必须接在火线上？

如果将照明开关装设在零线上，虽然断开时电灯也不亮，但灯头的相线仍然是接通的，而人们以为灯不亮，就会错误地认为是处于断电状态。而实际上灯具上各点的对地电压仍是 220 伏的危险电压。如果灯灭时人们触及这些实际上带电的部位，就会造成触电事故。所以各种照明开关或单相小容量用电设备的开关，只有串接在火线上，才能确保安全。

（二）单相三孔插座如何安装才正确？为什么？

通常，单相用电设备，特别是移动式用电设备，都应使用三芯插头和与之配套的三孔插座。三孔插座上有专用的保护接零

（地）插孔，在采用接零保护时，有人常常仅在插座底内将此孔接线桩头与引入插座内的那根零线直接相连，这是极为危险的。因为万一电源的零线断开，或者电源的火（相）线、零线接反，其外壳等金属部分也将带上与电源相同的电压，这就会导致触电。因此，接线时专用接地插孔应与专用的保护接地线相连。采用接零保护时，接零线应从电源端专门引来，而不应就近利用引入插座的零线。

（三）塑料绝缘导线为什么严禁直接埋在墙内？

1. 塑料绝缘导线长时间使用后，塑料会老化龟裂，绝缘水平大大降低，当线路短时过载或短路时，更易加速绝缘的损坏。

2. 一旦墙体受潮，就会引起大面积漏电，危及人身安全。

3. 塑料绝缘导线直接暗埋，不利于线路检修和保养。

（四）为什么要使用漏电保护器？

漏电保护器又称漏电保护开关，是一种新型的电气安全装置。随着人们生活水平的提高，家用电器的不断增加，在用电过程中，由于电气设备本身的缺陷、使用不当和安全技术措施不利而造成的人身触电和火灾事故，给人民的生命和财产带来了不应有的损失，而漏电保护器的出现，对预防各类事故的发生，及时切断电源，保护设备和人身安全，提供了可靠而有效的技术手段。漏电保护器的主要用途是：

1. 防止由于电气设备和电气线路漏电引起的触电事故。

2. 防止用电过程中的单相触电事故。

3. 及时切断电气设备运行中的单相接地故障，防止因漏电引起的电气火灾事故。

漏电保护器的基本技术要求包括：

1. 触电保护的灵敏度要正确合理，一般启动电流应在15～30毫安范围内。

2. 触电保护的动作时间一般情况下不应大于0.1秒。

3. 保护器应装有必要的监视设备，以防运行状态改变时失去保护作用，如对电压型触电保护器，应装设零线接地的装置。

（五）发生触电事故的主要原因是什么？

统计资料表明，发生触电事故的主要原因有以下几种：

1. 缺乏电气安全知识，在高压线附近放风筝，爬上高压电杆掏鸟巢；低压架空线路断线后不停电的情况下，用手去拾火线；黑夜带电接线，手摸带电体；用手摸破损的胶盖刀闸。

2. 违反操作规程，带电连接线路或电气设备而又未采取必要的安全措施；触及破损的设备或导线；误登带电设备；带电接照明灯具；带电修理电动工具；带电移动电气设备；用湿手拧灯泡等。

3. 设备不合格，安全距离不够；二线一地制接地电阻过大；接地线不合格或接地线断开；绝缘破损导线裸露在外等。

4. 设备失修，大风刮断线路或刮倒电杆未及时修理；胶盖刀闸的胶木损坏未及时更改；电动机导线破损，使外壳长期带电；瓷瓶破坏，使相线与拉线短接，设备外壳带电。

5. 其他偶然原因，夜间行走触碰断落在地面的带电导线等。

（六）发生触电时应采取哪些救护措施？

发生触电事故，抢救触电人员时，在保证救护者本身安全的同时，必须首先断开电源或用木板、绝缘杆挑开电源线，使触电者迅速脱离电源，千万不要用手直接拖拉触电人员，以免连环触电，然后进行以下抢救工作：

1. 解开妨碍触电者呼吸的紧身衣服。

2. 检查触电者的口腔，清理口腔的黏液，如有假牙，则取下。

3. 立即就地进行抢救，如呼吸停止，采用口对口人工呼吸法抢救，若心脏停止跳动或不规则颤动，可进行人工胸外挤压法抢救，决不能无故中断。

4. 如果现场除救护者之外，还有第二人在场，则还应立即进行以下工作：

（1）提供急救用的工具和设备。

（2）劝退现场闲杂人员。

（3）保持现场有足够的照明和保持空气流通。

（4）向领导报告，并请医生前来抢救。

实验研究和统计表明，如果从触电后 1 分钟开始救治，则 90% 可以救活；如果从触电后 6 分钟开始抢救，则仅有 10% 的救活机会；而从触电后 12 分钟开始抢救，则救活的可能性极小。因此当发现有人触电时，应争分夺秒，采用一切可能的办法。

（七）家庭安全用电有哪些措施？

随着家用电器的普及应用，正确掌握安全用电知识，确保用电安全至关重要。为保证家庭用电安全，应做到：

1. 不要购买"三无"的假冒伪劣家用产品。

2. 使用家电时应有完整可靠的电源线插头。对金属外壳的家用电器都要采用接地保护。

3. 不能在地线上和零线上装设开关和保险丝。禁止将接地线接到自来水、煤气管道上。

4. 不要用湿手接触带电设备，不要用湿布擦抹带电设备。

5. 不要私拉乱接电线，不要随便移动带电设备。

6. 检查和修理家用电器时，必须先断开电源。

7. 家用电器的电源线破损时，要立即更换或用绝缘布包扎好。

8. 家用电器或电线发生火灾时，应先断开电源再灭火。

（八）如何防止烧损家用电器？

常用的家用电器的额定电压是 220 伏，正常的供电电压在 220 伏左右。若因雷击等自然灾害造成的供电电压瞬时升高，三相负荷不平衡，户线年久失修发生断零线，或因人为错接线等引起的相电压升高等原因发生供电线路电压升高，就会使电流增大，导致家用电器因过热而烧损。要防止烧损家用电器，就要从以下方面入手：一是用电设备不使用时应尽量断开电源；二是改造陈旧失修的接户线；三是安装带过电压保护漏电开关。

（九）居民家庭用的保险丝如何选配？

居民家庭用的保险丝应根据用电容量的大小来选用。如使用容量为 5 安的电表时，保险丝应大于 6 安小于 10 安；如使用容量为 10 安的电表时，保险丝应大于 12 安小于 20 安，也就是选用的保险丝应是电表容量的 1.2~2 倍。选用的保险丝应是符合规定的一根，而不能以小容量的保险丝多根并用，更不能用铜丝代替保险丝使用。

（十）如何防止电气火灾事故？发生火灾后怎么办？

1. 在安装电气设备的时候，必须保证质量，并应满足安全防火的各项要求。要用合格的电气设备，破损的开关、灯头和破损的电线都不能使用，电线的接头要按规定牢靠连接，并用绝缘胶带包好。对接线桩头、端子的接线要拧紧螺丝，防止因接线松动而造成接触不良。电工安装好设备后，并不意味着可以一劳永逸了，用户在使用过程中，如发现灯头、插座接线松动（特别是移动电器插头接线容易松动），接触不良或有过热现象，要找电工及时处理。

2. 不要在低压线路和开关、插座、熔断器附近放置油类、棉花、木屑、木材等易燃物品。

3. 电气火灾前，都有一种前兆，要特别引起重视，就是电线因过热首先会烧焦绝缘外皮，散发出一种烧胶皮、烧塑料的难闻气味。所以，当闻到此气味时，应首先想到可能是电气方面原因引起的，如查不到其他原因，应立即拉闸停电，直到查明原因，妥善处理后，才能合闸送电。

4. 万一发生了火灾，不管是否是电气方面引起的，首先要想办法迅速切断火灾范围内的电源。因为，如果火灾是电气方面引起的，切断了电源，也就切断了起火的火源；如果火灾不是电气方面引起的，也会烧坏电线的绝缘，若不切断电源，烧坏的电线会造成碰线短路，引起更大范围的电线着火。发生电气火灾后，应使用盖土、盖沙或灭火器，但决不能使用泡沫灭火器，因此种灭火剂是导电的。

（十一）规范用电

1. 不要乱拉电线和乱接电器设备，更不要利用"一线一地"方式接线用电。

2. 如发现电器设备有障碍或漏电起火，要立即拉开电源开关，在未切断电源前，不能用水或酸、碱泡沫灭火器灭火。

3. 不要用湿手去摸灯口、开关和插座。更换灯泡时，先关闭开关，然后站在干燥绝缘物上换灯泡。灯线不要拉得太长或到处乱拉。

4. 严禁私自开启配电室和楼内开关箱门，以免发生事故。

5. 无论是集体或个人，需要安装电气设备和电灯等用电器具时，应当向电业部门或管电组织提出用电申请，并由电工进行安装。在使用中，电气设备出现故障时，要由电工进行修理。

6. 电灯线不要过长，灯头离地面不应小于2米。灯头应固定在一个地方，不要拉来拉去以免损坏电线和灯头，造成触电事故。

7. 自觉遵守安全用电规章制度，禁止私拉电网，私安电炉，用电捕鱼和捕鼠等。

8. 熔丝（保险丝）要符合规格，要根据用电设备的容量（瓦数）来选择。

9. 电动机、吹风机、电风扇、扩音机具有金属外壳的电气设备应按规定进行可靠接地。安装和修理接地线、接地体时，要由持证电工进行。

10. 检修设备要断开电源，并遵守保证安全的组织措施和技术措施。

11. 所有电气设备的安装及线路铺设必须符合有关规定，不得乱拉临时电器线路及增大容量。电器线路不可采用铝芯导线，通过楼顶或夹层的电器线路必须穿管铺设，灯头线还应穿瓷套管保护。照明灯具不应直接安装在可燃物件上，附近不可堆放可燃物。凡与木龙骨靠近处还应加垫石棉布或石棉板作隔热层，对潮湿的地方需采用防潮灯具。对电气设备要有可靠的接地保护装置，而且每年至少进行一次绝缘及接地电阻测试。

12. 楼梯间及通道要有事故照明灯。此外，在疏散楼梯间不准设置其他用房和堆放物资，也不准在通道和出入口增设床铺、堆放杂物等。每层楼墙面应悬挂安全疏散平面示意图，在通向出口方向应设明显指示标记。

（十二）常用家用电器的功率及用电量

常用家用电器的功率及用电量的估算，见下表。

电器名称	一般电功率（瓦）	估计用电量（千瓦时）
窗式空调机	800～1300	最高每小时 0.8～1.3
家用电冰箱	65～130	大约每日 0.85～1.7
家用洗衣机单缸	230	最高每小时 0.23
双缸	380	最高每小时 0.38
微波炉	950～1500	每 10 分钟 0.16～0.25
电热淋浴器	1200～2000	每小时 1.2～2
电水壶	1200	每小时 1.2
电饭煲	500	每 20 分钟 0.16
电熨斗	750	每 20 分钟 0.25
理发吹风器	450	每 5 分钟 0.04
吸尘器	400～850	每 15 分钟 0.1～0.21
吊扇大型	150	每小时 0.15
小型	75	每小时 0.08
台扇 16 寸	66	每小时 0.07
电视机 14 寸	52	每小时 0.05
电视机 21 寸	70	每小时 0.07
电视机 25 寸	100	每小时 0.1
录像机	80	每小时 0.08
音响器材	100	每小时 0.1
电暖气	1600～2000	最高每小时 1.6～2.0

二、电磁波与安全健康

在地球上各式各样的电磁波充满人类生活空间，我们通常使用的电器和通信设备，如无线电广播、电视、移动通信（手机）、无线电遥控、导航、高压送配电线等在使用中，电场和磁场的交互变化产生电磁波，电磁传播过程同时也有电磁能向外传播，这种能量以电磁波的形式通过空间传播的现象称为电磁辐射。高频淬火、焊接、熔炼、切割、塑料热合、木材干燥、电磁理疗、微波治疗、微波加热等感应加热设备均会向环境发射与泄漏一定强度的电磁能。在我们的日常生活中，最大的电磁污染源就是手机、微波炉、电脑、VCD、电视机等，尤其是电脑，它产生的电磁波辐射对人体影响最大。目前电磁辐射已成为继水、空气、噪声之后的第四大环境污染，并已被联合国人类环境会议列入必须控制的污染。我国环保部门也已于 1999 年 5 月 7 日正式告知新闻界：电磁辐射对机体（人体）有危害。

（一）电磁波污染

电子工业问世以来，不仅使科学技术和工业生产发生了革命性的变革，也给人们的生活带来了方便和舒适。但是各种电子产品和设备辐射出的电磁波，有时会对环境造成污染，成为重要的环境污染要素之一，并危及人体健康，从而成为继废气、废水、废渣和噪声之后的人类环境的又一大公害。

1. 电磁波及其分类

电磁波是传播着的交变电磁场，各种光线和射线都是波长不同的电磁波。电磁波主要分为：

（1）高频：即中波和短波。波长 10～3000 米，频率 10^5～3×10^7 Hz，如高频淬火、熔炼、焊接、切割等感应加热设备，高频介质加热设备、塑料加工、食品烘干设备，无线电广播与通信等。

（2）超高频：即短波 1～10 米，频率 3×10^7～3×10^8 Hz，如无线电通信、电视信号发射、医疗电器设备、电气化铁路等。

（3）特高频：即微波。波长 1 ~ < 0.07 米，频率 3×10^8 ~ $3 \times 10^{10} Hz$，无线电定位、导航、雷达等。

2. 电磁波对人体的危害

尽管目前家电产品都不同程度地有电磁辐射释放，但对人体究竟能产生多大的危害，还缺乏确实的试验依据，一般的观点认为，电磁场会干扰细胞释出和吸收钙质的速度，导致癌细胞的产生，而低频辐射是人类癌症、生殖病变、遗传障碍、老年痴呆、健忘症的重要原因，而电磁辐射对儿童的危害最大，长期暴露在电磁辐射中会增加儿童得癌症的几率。一般来说，电磁波对人体的危害主要分为三种。产生宏观致热效应的电磁波功率密度在 $10mW/cm^2$ ；微观致热效应在 $1mW/cm^2$ ~ $10mW/cm^2$ ；浅致热效应在 $1mW/cm^2$ 以下。

（1）导致人体全部或部分温度升高的宏观致热效应。可造成人体组织或器官不可恢复的伤害，如：眼睛产生白内障、男性不育；当功率为 1000W 的微波直接照射人时，可在几秒内致人死亡。

（2）仅使人体器官内的细胞或部分病变的微观致热效应。

（3）电磁波的电场或磁场与人体组织和细胞作用而引起的非致热效应。高频弱电磁场对人体的非致热效应的体现：神经系统——人体反复受到电磁辐射后，中枢神经系统及其他方面的功能发生变化。如条件反射性活动受到抑制，出现心动过缓，血压降低，局部性血室传导阻滞，消化不良等。感觉系统——低强度的电磁辐射，可使人的嗅觉机能下降，当人头部受到低频小功率的声频脉冲照射时，就可以使人听到好像机器响，昆虫或鸟儿鸣的声音。免疫系统——我国有人初步观察到，长期接触低强度微波的人和同龄正常人相比，其体液与细胞免疫指标中的免疫球蛋白 1gG 降低，T 细胞花环与淋巴细胞转换率的乘积减小，使人体的体液与细胞免疫能力下降。内分泌系统——低强度微波辐射，可使人的丘脑—垂体—肾上腺功能紊乱；CRT、ACTH 活性增加，内分泌功能受显著影响。遗传效应——微波能损伤染色体。动物试验已经发现：用 195MHz、2.45GHz 和 96Hz 的微波照射老鼠，会在 4% ~ 12% 的精原细胞骨形成染色体缺陷。老鼠能继承这种缺陷，染色体缺陷可引起受伤者智力迟钝、平均寿命缩短。

（二）电磁波防护控制措施

为控制电磁波对环境的污染，保护人民身体健康，我国卫生部于 1989 年 12 月 22 日颁布了《环境电磁波卫生标准》（GB9175—88），规定居住区环境电磁波强度的限制值。为防止电磁波对长期居住、工作、生活的一切人群（包括婴儿、孕妇和老弱病残者）造成任何有害影响，对于长、中、短波应小于 10 微伏/米，对于超短波应小于 5 伏/米，对于微波应小于 $10mw/cm^2$。在电视塔与居民区之间应保持足够的卫生防护距离。

只要电器处于操作使用状态，它的周围就存在着电磁场或电磁辐射。这种辐射具有一定能量，可以穿透多种物质，包括人体。根据审定标准，假如每平方厘米不超过 50 微瓦，而一天里的总剂量也不超过每平方厘米 300 微瓦，那还算是安全的。但危险是，它无色、无味、无形，也许你每天暴露在不同电磁辐射的累积中而不自知，因为电磁辐射对人体的影响是缓慢的和间接的，也因为如此，它的危害性很容易被人们所忽略。防范电磁波辐射措施如下：

1. 别把家用电器都集中在一起使用。

2. 假如有应用手册，该根据指示规范，保持安全操作距离。

3. 无论如何，都应尽量避免长时间操作。

4. 保持室内空气流通。

5. 当电器不用时，最好把电源关掉，而不是让它处于备用状态，以长远计，这样不仅可以省电，还可以减少微量辐射的累积。

6. 每天多吃富含维生素 A、C 和蛋白质的食物，如西红柿、瘦肉、动物肝脏、豆芽等；多吃新鲜蔬菜，如辣椒、柿子椒、香椿、菜花、菠菜、蒜苗、雪里蕻、甘蓝、小白菜、水萝卜、红萝卜、甘薯等；多食用新鲜水果如柑橘、枣、草莓、山楂等。这些饮食措施对加强防御功能是有益的，也可在一定程度上起到积极预防和减轻电磁辐射对人体造成的伤害。

第二节　常用家电设备的安全

一、常用家电设备的安全使用年限

（一）执行国家标准

由国家标准化管理委员会审批出台的《家用和类似用途电器的安全使用年限和再生利用通则》（以下简称《通则》）已开始实施，与此相关的《家用电器安全使用年限细则》（以下简称《细则》）也同时推出。据悉，该《通则》规定了家电"退休"年龄，对家电使用年限和再生利用等方面作了详细规定。生产厂家要对其生产的家电标明安全使用期限，并规定安全使用期限从消费者购买之日计起。在厂商标明的安全期限内，消费者正常使用家电产品时发生安全事故，所有责任都将由厂商承担。

按目前国际通行的标准，常用家电的正常使用年限为：彩色电视机 8 ~ 10 年；空调 10 ~ 15 年；电热水器 12 年；电暖炉 18 年；电热毯 8 年；电饭煲 10 年；电冰箱 13 ~ 16 年；录像机 7 年；个人电脑 6 年；电风扇 16 年；野外烧烤炉 6 年；煤气炉 16 年；洗衣机 12 年；电话录音系统 5 年；电吹风 4 年；微波炉 11 年；电动剃须刀 4 年；油烟机 7 年。

（二）适时更换家电设备

家电产品属于大件耐用消费品，消费者在购买使用时大多有"用到不能用才换"的心理。不过，专家提醒消费者，所有的家电都有安全使用寿命，这同食品有安全保质期一样。超过保质期，就应该报废，否则就会增加安全隐患。

据从事多年家电维修工作的专业人士介绍，当电视机超过安全使用寿命，随着电器元件的老化，电视就会发生图像不清晰、颤抖等故障，电视的辐射也会增大。老化的电视机受到震动、冲击、碰撞、骤冷、骤热以及电视机内积尘污垢过多或电线短路造成局部过热，都能引起显像管爆炸；过于老旧的冰箱，则会使保鲜和杀菌的功能退化，导致食物串味、不能保鲜，同时，制冷剂也会泄漏，污染环境，危害健康；超龄洗衣机会经常出现渗水等小毛病，严重时还会漏电。

除了安全隐患外，超过安全使用期限的家电产品也会更加耗电。一般高龄家电的耗电量要超过原耗电量的40%。就拿一台电冰箱来说，冰箱在使用10年后，它的耗电量将变成最初使用时的2倍。

安全年限标准与家电普遍实行的质量"三包"期限不同，"三包"一般就规定整机不低于1年，主要部件不低于3年的包修期，而安全年限则是家电的正常使用寿命。据记者了解，目前家电企业大多对产品的使用寿命讳莫如深，生怕明示后，寿命过短会引起消费者对产品质量的怀疑，而寿命过长企业自身将背负更长时间的责任，所以干脆不标注。如此一来，作为普通消费者，根本无法形成对家电使用寿命的正确认识。而且《细则》的出台虽然能改变厂家不标注的现象，但是，对于人们观念的改变却似乎有点势单力薄，从大家传统的消费观念来说，物尽其用是最节俭的持家之道。

国家《细则》中规定，在厂商所标明的安全期限内，一旦出现安全事故，所有的责任将由厂商承担。但是与此同时，安全使用年限的标注还意味着如在安全使用年限之后出现问题，生产厂家将不再对产品质量负责，也不承担维修责任。因此，消费者要增强对家电使用寿命的认识，时刻关注自己家电的·"安全保质期"。

冰箱、彩电等各类家电产品一旦发生质量事故投诉，尤其是因之引发的人身伤害事故争议，产品是否属于超期服役的确事关重大，好在近来各类家电乃至小家电的判废年限屡见报端，比照方便有章可循。

二、家电安装的注意事项

（一）不可带电操作

为了防止触电，保护人身安全，家电设备的安装操作必须在断电的情况下进行，不可带电操作。安装后，经检查无问题时方可通电试机，试机中除检查有关使用性能外，还应检查外壳是否带电，外壳带电的电气设备不能使用，必须及时检修，否则会发生触电，对人身造成伤害。

（二）电压要计算

安装使用家用电器前，必须认真查看电气设备的使用电压（额定电压）与电源电压是否相符，如不相符会损坏电气设备，甚至造成火灾等更大损失，如需安装使用必须配用合适的变压器。住宅建筑的室内电源为单相交流 220V，电源的导线中一根为"相线"（也称"火线"），一根为"零线"，还有一根接地保护线。家用电器的电源常常是由室内的插座提供的，家用电器的电源插座应采用二孔插座，并配用二芯插头。安装电气设备时，开关要装在"火线"上，否则在开关断开时，电气设备还带电。

（三）合理计划最高供电负荷

近几年来，由于生活水平的提高和家电工业的迅速发展，家用电器的品种、数量增加很快，许多家庭都拥有多种家用电器，这样一来就出现了线路过载的现象。家用电器的供电线路是由导线把电源、用电设备、控制与保护装置等联接起来组成电路。供电线路允许的电流负荷是由导线的材料和截面确定的，常用的导线材料有铜和铝，铜线比铝线允许通过的电流大，导线的截面越大允许通过的电流越大。为保证用电安全和保证电器设备的正常性能，每个家用电器应有单独的电源插座供电，不可几个用电设备共享一个多头插座，以免造成线路过载和影响电气设备的使用性能。

（四）了解工作电流最大值

安装电气设备前，要了解供电线路的安全载流量是否能满足使用要求，即供电线路导线的载流量不小于用电设备的工作电流。单相交流 220V 用电设备的工作电流，可用其额定功率除以 220V 电压来估算。

（五）正确使用熔丝和漏电保护开关

为保证供电线路的安全，在配电箱中的刀开关处安装熔丝，当线路电流过大时，熔丝熔断切断电源，避免事故的发生，保护线路和用电设备的安全。熔丝的规格必须符合线路保护的要求，不可随便加大，更不可用其他导线来代替。为保证用电安全，在分户端最好再安装漏电保护开关。

三、家用电气设备安全注意事项

1. 带金属外壳的可移动的电器，应使用三芯塑料护套线或三眼插座、三脚插。保护接地端应与保护接地线连接，不能接在零线（工作接地线）上。

2. 在使用电器时，应先插电源插头，后开电器开关；用完后，应先关电器开关，后拔电源插头，在插、拔插头时，要用手握住插头绝缘体，不要拉住导线使劲拔。家庭用电应使用漏电保护器。漏电保护器应购买正规厂家的产品，并根据需要选择适当容量（6、10、16、20、25、32 安）和额定漏电动作电流 30 毫安的，最好到电力部门指定的专销点购买。

3. 湿手不要接触带电设备，不用湿布擦带电设备，不要将湿手帕挂在电扇外罩上吹干。

4. 用电炒锅炒菜时，应使用木柄或塑料柄锅铲。

5. 使用电熨斗时，不得与其他家用电器特别是功率大的电器，如电饭锅、电烤箱、电取暖器、电冰箱、洗衣机等同时使用插座，以防线路过载而引起火灾。

6. 在使用电吹风、电热梳等家电产品时，用后应立即拔掉电源插头，以免因忘记导致长时间工作，温度过高而发生事故。

7. 请务必安装接地线，请不要把接地线接到下列地方：（1）自来水管接地不可靠；（2）煤气管有引火爆炸的危险。

8. 家用电器运行一段时间后，想了解设备外壳是否发热时，不能用手掌去摸设备外壳，应用手背轻轻接触外壳，即使外壳漏电也便于迅速脱离电源。

9. 不得用铜、铁、铅线代替铅锡丝作熔断器的保险线，保险线规格应符合规定要求。

10. 遇到电气设备冒火，一时无法判明原因，不得用手拔掉插头拉闸刀，应先切断电源再灭火。

第三节　厨房设备的安全

一、厨房的常用设备

厨房设备有烹调用具，主要有炉具、灶具和烹调时的相关工具和器皿。随着厨房革命的进程，各种经济、节能、高效、环保与卫生的工具开始普及，如商用电磁灶、电饭锅、微波炉、微波烤箱等。厨房设备还有储藏用具，分为食品储藏和器物用品储藏两大部分。食品储藏又分为冷藏和非冷储藏，冷藏是通过厨房内的电冰箱、冷藏柜等实现的。另有洗涤用具，包括冷热水的供应系统、排水设备、洗物盆、洗物柜等，现代家庭厨房还配备消毒柜、食品垃圾粉碎器等设备。第四类是调理用具，主要包括调理的台面，整理、切菜、配料、调制的工具和器皿。随着科技的进步，家庭厨房用食品切削机具、榨压汁机具、调制机具等也在不断增加。电热、燃气食品烤箱，电热风对流（循环）烘炉（规格 5 盘、8 盘、10 盘），电热、燃气蒸饭车，电热毛巾消毒车、熟笼车、粥水车、喷塑、不锈钢食品发酵箱及各种规格的食品烤盘等厨具设备也在不断普及。

厨房不仅是一个经常活动的场所，而且是家中危险系数最高的地方。很多意外的发生，如碰伤、烫伤或烧伤等，不仅是我们的疏忽，其实在厨房装修初期就可以想方设法加以避免。

二、厨房的布局设计

（一）合理布局

厨房在装修的过程中，要细心周到地想到、预见到可能发生的问题，根据自己的生活习惯仔细布置好装修的进程，把厨房变成一个快乐而又安全的场所。

柜体的设计因人而异，吊柜以及吊架的挂设高度，以及各种悬挂物的尺寸都要仔细计算，根据家人的身高来设计，避免个子高的人撞上头，并且吊柜的宽度应该设计得比操纵台窄。抽油烟机的高度应该比使用者头部略高，一般来说抽油烟机与灶台的间隔约 70 厘米。灶台最好设计在台面的中心，旁边预留有工作台面，以便炒菜时可以安全及时地放置从炉上顺手取下的锅或汤煲，避免烫伤。台面和橱柜的边角最好用圆弧修饰，减少碰伤的可能。

有的厨房把边角把手和突出部分设计得很尖，过分追求视觉效果，对于喜欢奔跑的孩子很危险。炉台上应设置必要的护栏，防止锅碗落下，各种洗涤等化学制品应放在专门的柜子里，尖刀等用具应摆在能安全开启的抽屉里。

（二）材料美观更要安全

厨房是个湿润易积水的场所，所有表面装饰用材都应选择防水材料。地面、操作台面的材料应不漏水、不渗水。墙面、顶棚材料应耐水、可擦洗。橱柜内部设计的用料必须易于清理，最好选用不易污染，容易清洗、防湿、防热而又耐用的材料，像瓷砖、防水涂料、PVC 板、防火板、人造大理石等都是厨房中运用最多的安全材料。同时厨房里局部的表面饰材必须留意防火要求，重点是炉灶四周要留意材料的阻燃性能。可选用防滑材料铺设地面，如防滑地砖。总之原则上所有材料都应该本着防潮、防火、防蛀、抗菌性能好的原则挑选。特别留意自然大理石有辐射，应改选人造石和石英石。

三、厨房中的电气布局

厨房中的电器安全显得尤其重要。最好选择防水插座，有经济实力的话最好有独立配电箱。假如家庭厨房电器太多，用电量太大，厨房电线的线径最好留大些。冰箱不宜靠近灶台，由于其经常产生热量且又是污染源，会影响冰箱内的温度和食品的质量，同时也不宜太接近洗菜池，避免因溅出来的水导致冰箱漏电。有计划地在厨房的各个角落多设电源插座，可减少到处是电线带来的危险性，并均安装漏电保护装置。不可在洗涤盆、电炉或其他炉具旁展设电线。透风设施是保证户内卫生、健康、安全的重要措施，排气扇、排气罩、脱排油烟机都是必要的设备。灶具安装时进气管一定要用管箍固定，长度要适宜，胶管规格要与接头配套。另外还要定期检查胶管是否有裂缝或脱落。另外厨房内照明一定要明亮，避免在昏暗中发生意外事故。

四、厨房安全管理制度

（一）强化安全生产的重要性

1. 厨房内严禁奔跑、繁忙时要保持镇定、严禁在工作场所内打闹。

2. 使用机械设备时要检查外观是否正常，试机是否运作正常，运作时声音是否正常；机器只能由一人操作，严禁多人同时操作；机器只能安全停止后，才能进行下一步工作。出现零件松动或设备故障应及时报修，未修好前做显示提醒他人。

3. 正确使用电器。严禁违规操作。清洁机器时应断掉电源。机器有安全罩的应保持在正确位置，机器要善于保养。

4. 厨房的利器工具每位人员都必须小心使用和保管，做到定点存放，专人负责，使用后放回原处，刀具要保持清洁锐利以免打滑伤人，带刀行走时，刀尖必须向下，用布擦刀口时必须向外；使用厨具时特别是玻璃餐具，每位人员都必须小心使用，注意避免碰撞，或其他原因损坏；保持地面整洁及时清理油污和积水以免滑倒他人；严禁单人搬动重物；地面不得随意堆放杂物；过热液体严禁存放于高处；严禁油温升高时溅入水分；严禁长时间在冷冻物品间以免知觉下降发生意外；严禁身份不明人员进入厨房，以免发生意外事故；严禁使用包装有破损的食品，以免客人误食；统一杀虫时要注意食品的保护，以免发生意外事故。

（二）厨房生产安全

1. 使用气炉前必须先检查气门开关，然后再开始点火开气以确保安全。使用炉灶时必须做到不离人。

2. 每天使用气炉要做记录，做到谁先开气谁签名、确认，谁最后关气谁签名、确认，提高责任心。

3. 各种机电设备和电器要做到先熟悉使用方法后才能使用，既确保用具使用寿命，又确保人身安全。

4. 冷冻、雪柜使用时每个相关人员都必须在收工前仔细检查雪柜的温度及其他情况是否正常，预防停电或故障造成食物变质。

（三）消防安全

1. 所有用于消防的通道严禁摆放任何障碍物；

2. 严禁在厨房抽烟；

3. 随时清理炉具上的油污和积垢；

4. 严禁用火时人员离岗；

5. 严禁在煮液体时盛装过量；

6. 严禁强行使用未修复的炉具；

7. 对松动的电路和泄漏的炉具要及时报修；

8. 对使用过的灭火具应及时报告保安部；

9. 灭火器的存放位置严禁随意改动；

10. 参加安全消防知识培训，落实"三句话"精神：隐患险于明火，防范胜于救灾，责任重于泰山；

11. 加强"三知"教育：知本岗位火灾隐患，知预防火灾的措施，知扑救火灾的方法。

五、厨房设备的保养

（一）厨具柜体的保养原则

1. 厨具柜体本身已有基本的防潮处理，但仍不可直接或长时间对着柜体冲水，以免板材因潮湿而损坏，故柜体表面沾有水渍，也应立即以干抹布擦干。

2. 厨具柜体平日清洁以微湿抹布擦拭即可，若遇较难擦拭的，可用厨房油污清洁剂及菜瓜布轻刷。

3. 厨具柜体定期的保养消毒可以用漂白水与水 1∶1 的稀释液擦拭，锅具碗盘等物体尽量擦干后再放入柜体，同时避免尖锐物品直接刮伤表面，勿用钢刷刷洗。

4. 开关门板不宜太过用力或是超过开门角度（110 度），铰链及其他金属部分，避免水渍长期积留。

（二）厨房台面的日常保养工作

1. 台面的清洁和保养重点，一般清洁以湿布即可，如有斑点可用厨房油污清洁剂清洗，若为雾面台面，则可使用去污粉及 3M 菜瓜布（黄色），以画圆周方式轻轻擦拭，同样的方法可应用于被香烟灼烧的情况。

2. 需特别注意不要让粗糙的化学品，如：染料剥离剂、松香油、丙酮等直接接触台面，或是将热锅直接放至台面，这些动作都会损坏台面表面，故应于台面上放置隔热垫以避免此种情形发生。

3. 应注意的事项，如切东西时应准备砧板，不要直接在台面上切食物，最后应预防各种损坏，让厨具永保如新。

（三）煤气炉具的清洁与保养

1. 平日应于使用之后立即用厨房油污清洁剂擦拭台面，以免长期积存脏污，日后清洗困难。

2. 每周将炉内感应棒擦拭干净，并定期以铁丝刷去除炉嘴碳化物，并刺通火孔。

3. 当煤气炉发生飘火或红火时，应适当调节煤气风量调整器，以免煤气外泄，同时还要定期检查煤气橡皮管是否松脱、龟裂或漏气。

4. 煤气炉具与窗户的距离至少30厘米以上，避免强风吹熄炉火，而煤气炉与吊柜及除油烟机的安全距离则为60~75厘米。

（四）除油烟机的保养

1. 在保养或维修时需先将插头拔掉，以免触电。

2. 最好的保养方法即是平日使用后以干布蘸厨房油污清洁剂擦拭机体外壳，当集油盘或油杯达八分满时应立即倒掉以免溢出，同时定期用厨房油污清洁剂清洗扇叶及内壁。附有油网的除油烟机，油网应每半个月以厨房油污清洁剂浸泡清洗清洁一次，至于开关及油杯内层易积油的地方，可用保鲜膜覆盖，以便日后清洗，只要直接撕开更换即可。

第四节　避雷安全

一、安装防雷装置

住房要按国家标准规范设计、安装防雷装置。防雷装置必须由具有相应资质的单位设计、施工。防雷装置设计须经审核核准方可交付施工。防雷工程须跟踪检测和竣工验收合格才能交付使用。已建防雷装置必须定期检测合格才能确保长期有效。大型建设工程、重点工程、爆炸危险环境等建设项目，更应该通过雷击风险评估以确保公共安全。避雷针通过引下线和接地装置与大地相连，可以把雷电流泻放到大地，保护建筑物。但是，如果存在避雷针不合格、引下线锈断、接地电阻超标等问题，避雷针不仅难保建筑物，反而会成为"引雷烧身"的祸端，因此强调防雷装置要经过专业验收和定期检测。不少农居屋顶架设了铁塔，如果确保良好的接地，可以起到避雷作用。如果没有良好的接地，反而成了引雷的隐患，不如拆除。避雷针只能降低直击雷危害的风险，但它保护不了建筑物内的电子、电气设备。强大的雷电会产生电场的变化、磁场的变化和电磁辐射，不仅干扰无线电通信和各种设备的正常工作，而且在一定范围内造成许多电子、电气设备的损坏，甚至引起火灾。所以，必须采取综合防雷技术才能确保安全。引入住宅的电源线、电话线、电视信号线均应屏蔽接地后引入。同时在相应的线路上安装家用电器过电压保护器（又名避雷器）。

二、房屋位置的选择

"易雷击区"最容易引起火灾和人员伤亡，所以应该将房屋的位置选在"非易雷击区"。"易雷击区"有以下主要特点：地形位置较高，突出于周围地貌；邻近潮湿和水草地区；处于上升气流的迎风面；地下有金属矿藏的地区；从以往经验了解经常遭雷击的地区等。房屋位置的选择应避开上述"易雷击区"，另外房屋位置的选择还要避开高压输电线路和移动基站，有利于防雷击。

三、住房避雷功能的判断

判断住房是否能避雷：一是查看楼顶层天面有无避雷针或避雷带；二是查看住房有无共用接地系统，对于住宅来说，应该留有利用建筑物结构柱子钢筋的接地端子；三是查看购房资料中是否提供防雷安全距离参数。建筑物的避雷功能应当符合中华人民共和国国家标准《建筑物防雷装置检测技术规范》GB/T21431—2008，合格的房子具有"防雷设施合格证"。

四、个人防雷的要点

（一）雷雨时，应该留在室内，并关好门窗；在室外工作的人应躲入建筑物内。

（二）雷雨时，不宜使用无防雷措施或防雷措施不足的电视、音响等电器，不宜使用水龙头。

（三）切勿接触天线、水管、铁丝网、金属门窗、建筑物外墙，远离电线等带电设备或其他类似金属装置。

（四）雷雨时，减少使用电话和手提电话。

（五）雷雨时，切勿游泳或从事其他水上运动，不宜进行室外球类运动，应离开水面以及其他空旷场地，寻找地方躲避。

（六）雷雨时，切勿站立于山顶、楼顶或其他接近导电性高的物体。

（七）切勿处理开口容器盛载的易燃物品。

（八）雷雨时，在旷野无法躲入有防雷设施的建筑物内时，应远离高大树木和桅杆。

（九）雷雨时，在空旷场地不宜打伞，不宜把羽毛球拍、高尔夫球棍、锄头等扛在肩上。

（十）雷雨时，不宜开摩托车、骑自行车。

思考题

1. 家电安装的注意事项有哪些？
2. 常用家电设备的安全使用年限有哪些？
3. "农家乐"用电安全要点是什么？
4. 厨房常用电气设备的保养方法有哪些？
5. 个人防雷的要点有哪些？
6. 如何避免电磁波对安全健康的影响？

（诸葛毅　卢艳）

本篇参考文献

1. 刘国政．用电安全基础．第 1 版．郑州：黄河水利出版社，2001

2. 文昊．画说用电安全知识．第 1 版．乌鲁木齐：新疆美术摄影出版社，2011

3. 杨朝文．电离辐射防护与安全基础．第 1 版．北京：原子能出版社，2009

4. 马开良．现代厨房设计与管理．第 1 版．北京：化学工业出版社，2006

5. 林建民，宁波．防雷装置设计与安装．第 1 版．北京：气

象出版社，2010

6. 赵长征. 电气火灾防治与调查技术. 第 1 版. 沈阳：辽宁大学出版社，2011

7. 浙江广播电视大学. 农家乐经营与管理. 第 1 版. 北京：中国林业出版社，2010

8. 中华人民共和国电力工业部. 电业安全工作规程汇编. 第 1 版. 北京：中国电力出版社，1994

第八章　消防安全

学习目标

应知（知识目标）
- 消防法规知识。
- 消防安全常识。
- 乡村民居防火措施。

应会（技能目标）
- 干粉灭火器的使用。
- 家庭消防安全检查。

第一节　消防法规

为了预防火灾和减少火灾危害，《中华人民共和国消防法》（以下简称《消防法》）于 2008 年 10 月 28 日中华人民共和国第十一届全国人民代表大会常务委员会第五次会议修订通过，自 2009 年 5 月 1 日起施行。《浙江省消防条例》于 2010 年 5 月 28 日浙江省第十一届人民代表大会常务委员会第十八次会议获得通过，这是为了预防火灾和减少火灾危害，加强应急救援工作，保护人身、财产安全，维护公共安全，根据《中华人民共和国消防法》和其他有关法律、行政法规，结合本省实际情况而制定的。《消防法》和《浙江省消防条例》做了如下一些规定：

消防工作贯彻预防为主、防消结合的方针，按照政府统一领导、部门依法监管、单位全面负责、公民积极参与的原则，实行消防安全责任制，建立健全社会化的消防工作网络。

任何单位和个人都有维护消防安全、保护消防设施、预防火灾、报告火警的义务。任何单位和成年人都有参加有组织的灭火工作的义务。

对在消防工作中有突出贡献的单位和个人，应当按照国家有关规定给予表彰和奖励。

举办大型群众性活动，承办人应当依法向公安机关申请安全许可，制定灭火和应急疏散预案并组织演练，明确消防安全责任分工，确定消防安全管理人员，保持消防设施和消防器材配置齐全、完好有效，保证疏散通道、安全出口、疏散指示标志、应急照明和消防车通道符合消防技术标准和管理规定。禁止在具有火灾、爆炸危险的场所吸烟、使用明火。因施工等特殊情况需要使用明火作业的，应当按照规定事先办理审批手续，采取相应的消防安全措施；作业人员应当遵守消防安全规定。

储存可燃物资仓库的管理，必须执行消防技术标准和管理规定。建筑构件、建筑材料和室内装修、装饰材料的防火性能必须符合国家标准；没有国家标准的，必须符合行业标准。人员密集场所室内装修、装饰，应当按照消防技术标准的要求，使用不燃、难燃材料。

消防产品必须符合国家标准；没有国家标准的，必须符合行业标准。禁止生产、销售或者使用不合格的消防产品以及国家明令淘汰的消防产品。

电器产品、燃气用具的产品标准，应当符合消防安全的要求。电器产品、燃气用具的安装、使用及其线路、管路的设计、敷设、维护保养、检测，必须符合消防技术标准和管理规定。

任何单位、个人不得损坏、挪用或者擅自拆除、停用消防设施、器材，不得埋压、圈占、遮挡消火栓或者占用防火间距，不得占用、堵塞、封闭疏散通道、安全出口、消防车通道。人员密集场所的门窗不得设置影响逃生和灭火救援的障碍物。

任何人发现火灾都应当立即报警。任何单位、个人都应当无偿为报警提供便利，不得阻拦报警。严禁谎报火警。

消防队接到火警，必须立即赶赴火灾现场，救助遇险人员，排除险情，扑灭火灾。公安机关消防机构统一组织和指挥火灾现场扑救，应当优先保障遇险人员的生命安全。公安消防队、专职消防队扑救火灾、应急救援，不得收取任何费用。

对因参加扑救火灾或者应急救援受伤、致残或者死亡的人员，按照国家有关规定给予医疗、抚恤。

违反消防法规定，有下列行为之一的，依照《中华人民共和国治安管理处罚法》的规定处罚：

（一）违反有关消防技术标准和管理规定生产、储存、运输、销售、使用、销毁易燃易爆危险品的；

（二）非法携带易燃易爆危险品进入公共场所或者乘坐公共交通工具的；

（三）谎报火警的；

（四）阻碍消防车、消防艇执行任务的；

（五）阻碍公安机关消防机构的工作人员依法执行职务的。

违反消防法规定，有下列行为之一的，处警告或者五百元以下罚款；情节严重的，处五日以下拘留：

（一）违反消防安全规定进入生产、储存易燃易爆危险品场所的；

（二）违反规定使用明火作业或者在具有火灾、爆炸危险的场所吸烟、使用明火的。

违反消防法规定，有下列行为之一，尚不构成犯罪的，处十日以上十五日以下拘留，可以并处五百元以下罚款；情节较轻的，处警告或者五百元以下罚款：

（一）指使或者强令他人违反消防安全规定，冒险作业的；

（二）过失引起火灾的；

（三）在火灾发生后阻拦报警，或者负有报告职责的人员不及时报警的；

（四）扰乱火灾现场秩序，或者拒不执行火灾现场指挥员指挥，影响灭火救援的；

（五）故意破坏或者伪造火灾现场的；

（六）擅自拆封或者使用被公安机关消防机构查封的场所、部位的。

第二节　消防安全常识

一、常见的火源

（一）机械火源：如摩擦、撞击、绝热压缩等。

（二）热火源：高温表面、热射线（包括日光）等。

（三）电火源：电气火花、静电火花、雷电等。

（四）化学（或物理）火源：明火、化学能、发热自燃等。

二、引发火灾的三个条件与四项预防措施

（一）引发火灾的三个条件是：可燃物、氧化剂和点火能源同时存在，相互作用，易于引发火灾。引发爆炸的条件是：爆炸品（内含还原剂和氧化剂）或可燃物（可燃气、蒸气或粉尘）与空气混合物和起爆能源同时存在、相互作用。消除导致火灾爆炸灾害的物质条件，使空气中可燃物（可燃气、蒸气、粉尘）浓度保持在安全限度（爆炸下限＋安全限度）以下。

（二）制定防火防爆的四项预防措施

采取措施避免或消除能引发火灾的三个条件之一，就可以防止火灾或爆炸事故的发生，这就是防火防爆的基本原理。

1. 预防性措施。这是最基本、最重要的措施。我们可以把预防性措施分为两大类：消除导致火爆灾害的物质条件（即点火可燃物与氧比剂的结合）及消除导致火爆灾害的能量条件（即点火或引爆能源），从而从根本上杜绝发火（引爆）的可能性。

《浙江省消防条例》使农村消防工作的举措更加细化。根据统筹城乡发展，适应建设社会主义新农村、构建和谐社会的要

求，《浙江省消防条例》规定：县（市、区）、乡（镇）人民政府、街道办事处应当加强对农村消防工作的领导，采取措施加强消防水源、消防车通道等公共消防设施建设，提高农村防火灭火能力。农村设有生产生活供水管网的，应当设置室外公共消火栓；利用河流、池塘等天然水源作为消防水源的，应当设置取水设施；取水困难的，应当修建消防水池等储水设备，配置消防水泵等。

2. 限制性措施。即一旦发生火灾爆炸事故。限制其蔓延扩大及减少其损失的措施。如安装阻火、泄压设备，设防火墙、防爆墙等。

3. 消防措施。配备必要的消防措施，在万一不慎起火时，能及时扑灭。特别是如果能在着火初期将火扑灭，就可以避免发生大火灾或引发爆炸。从广义上讲，这也是防火防爆措施的一部分。

4. 疏散性措施。预先采取必要的措施，如建筑物、飞机、车辆上设置安全门或疏散楼梯、疏散通道等。当一旦发生较大火灾时，能迅速将人员或重要物资撤到安全区，以减少损失。

（三）农家乐防火要点

1. 楼梯、走道、阳台不存放易燃、可燃物。

2. 室内不存放超过 0.5 公斤的汽油、酒精、香蕉水等易燃易爆物品。在使用汽油、香蕉水时，要远离明火，要通风良好。

3. 不从事易燃易爆物品生产、加工、经营活动。

4. 易燃物品要远离火炉、燃气炉灶。

5. 炉灰在倾倒之前要完全熄灭。

6. 不用汽油等易燃液体帮助生火。

7. 煤炉与燃气炉灶不在同室使用。

8. 燃气管道安装要牢固，防止软管老化，燃气管道、阀门处不能漏气，燃气炉灶处要通风良好。

9. 家庭装修材料要使用难燃、不燃材料。

10. 家中的废纸、书报要经常清理。

11. 火柴、打火机等物品要放在小孩不易取到的地方。

12. 制定火灾逃生预案，房屋装有防盗设施的，应预留逃生出口。

13. 农家乐在建筑设计和施工时，必须符合《建筑设计防火规范》的规定。在装饰材料上应尽可能采用不燃或难燃材料，如用夹墙时，也需经防火处理。

14. 禁止旅客携带易燃易爆等危险品入内，不准旅客在室内乱用电器设备，更不得使用电热器具。

15. 旅客自觉遵守住宿规定，不要躺在床上吸烟，不乱丢烟头和火柴梗等，做到人走灯熄。

16. 应根据实际情况配备适当的灭火器材。

三、火灾的分类与防火的基本措施

（一）火灾的分类

按燃烧物质及特性，火灾分为 A、B、C、D 四类：A 类，指可燃固体物质火灾；B 类，指液体火灾和熔化的固体物质火灾；C 类，指气体火灾；D 类，指金属火灾，如钾、钠、镁、钛、锂、铝合金等物质的火灾。

（二）防火的基本措施

1. 控制可燃物。用非燃或不燃材料代替易燃或可燃材料；采取局部通风或全部通风的方法，降低可燃气体、蒸气和粉尘的浓度；对能相互作用发生化学反应的物品分开存放。

2. 隔绝助燃物。就是使可燃性气体、液体、固体不与空气、氧气或其他氧化剂等助燃物接触，即使有着火源作用，也因为没有助燃物参与而不致发生燃烧。

3. 消除着火源。就是严格控制明火、电火及防止静电、雷击引起火灾。

4. 阻止火势蔓延。就是防止火焰或火星等火源窜入有燃烧、爆炸危险的设备、管道或空间，或阻止火焰在设备和管道中扩展，或者把燃烧限制在一定范围不致向外延烧。

四、及时、准确地报警

（一）用电话报火警

要讲清楚起火单位、村镇名称和所处区县、街巷、门牌号码，周围有无标志性物体；要讲清楚是什么东西着火。火势大小、是否有人被围困、有无爆炸危险品等情况；要讲清楚报警人的姓名、单位和所用的电话号码；注意倾听消防队询问情况，准确、简洁地给予回答；待消防队说明已确认火情时，可以挂断电话。报火警后立即派人到单位门口，街道交叉路口迎候消防车，并带领消防车迅速赶到火场。同时还要向单位领导和有关部门报告。

（二）向周围群众报警

在人员相对集中的场所，如居民区等，可用大声呼喊和敲打发出声响器具的方法报警。向群众报警时，应尽量使群众明白是什么地方什么东西着火，是通知人们前来灭火还是紧急疏散。向灭火人员指明起火点的位置，向需要疏散人员指明疏散的通道和方向。

五、森林防火常识

（一）森林防火区的划分

一级防火区为森林高火险区，是指自然保护区、风景游览区、特种用途林地和千亩以上的有林地；二级防火区是指一级防火区以外的成片有林地；三级防火区是指护路林、护岸林、宜林地和农田林网。

（二）森林防火的法规

中华人民共和国国务院令第 541 号于 2008 年 11 月 19 日批准《中华人民共和国森林防火条例》，2009 年 1 月 1 日起实施。各省、市又有各地方的森林消防条例。

森林、林木、林地的经营单位和个人，在其经营范围内承担森林防火责任。

　　浙江省的森林防火期为每年11月1日至次年4月30日。对于自然保护区、风景名胜区等特别重要的区域，县级以上人民政府可以划定常年禁火区。森林防火期与禁火区内，未经批准不得在防火区野外用火。野外用火，包括农业生产性用火、林业生产性用火、工程用火以及烧香、烧纸、燃放鞭炮、烤火、野炊、吸烟、火把照明、烧蜂窝、烧山狩猎、使用枪械狩猎等其他用火。在森林禁火期、禁火区，禁止携带火源、火种和易燃易爆物品进入森林。

　　要按规定配备森林防火设施设备。森林、林木、林地的经营管理者应当制定森林防火方案，设置防火宣传牌、防火标识，营建防火隔离带，配备专职或者兼职护林员、防火设施设备及必要的交通、通信工具，开展经常性的森林火灾隐患排查，组织和参加扑救森林火灾应急演练，落实森林防火责任。任何单位和个人不得损坏或者擅自移动、拆除森林防火设施设备、标识。

　　禁止在防火区吸烟、燃放烟花爆竹、施放孔明灯等可能引发森林火灾的行为。森林防火期外，在森林、林木、林地开展生产性野外用火的，应当经森林、林木、林地的经营管理者同意。森林防火期外，森林、林木、林地的经营管理者允许有关人员在其经营管理范围内开展野炊、烧烤等活动需要野外用火的，应当划定活动区域，设置醒目的用火界限，公示野外用火要求和注意事项，配备森林防火设备，确保用火安全。

　　护林员负责巡视、管理野外用火，及时报告火情，协助有关机关调查森林火灾案件。

　　无民事行为能力人或者限制民事行为能力人的监护人，应当依法履行对被监护人的监护义务，防止因被监护人的不当用火引发森林火灾。

　　任何单位和个人发现森林火灾，应当立即报告。接到报告的当地人民政府或者森林防火指挥机构应当立即派人赶赴现场，调查核实，采取相应的扑救措施，并按照有关规定逐级报上级人民政府和森林防火指挥机构。武装警察森林部队负责执行国家赋予的森林防火任务。扑救森林火灾，应当坚持以人为本、科学扑救，及时疏散、撤离受火灾威胁的群众，并做好火灾扑救人员的安全防护，尽最大可能避免人员伤亡。

扑救森林火灾应当以专业火灾扑救队伍为主要力量；组织群众扑救队伍扑救森林火灾的，不得动员残疾人、孕妇和未成年人以及其他不适宜参加森林火灾扑救的人员参加。专业森林消防队扑救森林火灾不得收取费用。森林火灾扑灭后，专业森林消防队应当将火场交给火灾发生地的乡镇人民政府，在办理交接手续后，方可撤离。

第三节　灭火措施

根据燃烧的基本条件，一切灭火措施，都是为了破坏已经形成的燃烧条件，或终止燃烧的连锁反应而使火熄灭以及把火势控制在一定范围内，最大限度地减少火灾损失。

一、灭火的基本方法

根据物质燃烧原理和同火灾作斗争的实践经验，按灭火的原理分类，灭火的基本方法有四种：

（一）冷却灭火法，就是将灭火剂直接喷洒在燃烧着的物体上，将可燃物质的温度降低到燃点以下，终止燃烧。如用水灭火。

（二）隔离灭火法，就是将燃烧物体与附近的可燃物质隔离或疏散开，使燃烧停止。

（三）窒息灭火法，就是阻止空气流入燃烧区，或用不燃物质冲淡空气，使燃烧物质断绝氧气的助燃而熄灭。如用泡沫灭油类火灾。

（四）抑制灭火法，也称化学中断法，就是使灭火剂参与到燃烧反应过程中，使燃烧过程中产生的游离基消失，而形成稳定分子或低活性游离基，使燃烧反应停止。如干粉灭火剂灭气体火灾。

二、厨房的灭火方法

日常生活中，煮、炒、烹、炸乃是少不了的。在做饭中因不慎引起的火灾也时常发生。那么怎样才能有效及时地扑灭厨房中意外发生的火灾呢？在这里介绍三种简便易行的方法。

（一）蔬菜灭火法

当油锅因温度过高，引起油面起火时，此时请不要慌张，可将备炒的蔬菜及时投入锅内，锅内油火随之就会熄灭。使用这种方法，要防止烫伤或油火溅出。

（二）锅盖方法

当油锅火焰不大，油面上又没有油炸的食品时，可用锅盖将锅盖紧，然后熄灭炉火，稍等一会儿，火就会自行熄灭，这是一种较为理想的窒息灭火方法。值得注意的是，油锅起火，千万不能用水进行灭火，水遇油会将油炸溅锅外，使火势蔓延。

（三）湿布灭火法：起初火势不大，可以利用湿布、湿毛巾、湿围裙等把火苗盖住，隔绝空气而将火扑灭。

（四）干粉灭火法

平时厨房中准备一小袋干粉灭火剂，放在便于取用的地方，一旦遇到煤气或液化石油气的开关处漏气起火时，可迅速抓起一把干粉灭火剂，对准起火点用力投放，火就会随之熄灭。这时可及时关闭总开关。除气源开关外，其他部位漏气或起火，应立即关闭总开关阀，火就会自动熄灭。当然厨房内配备个小型灭火器，效果会更好。

三、灭火器的使用

（一）不同类型的火灾灭火器的选择

1. 扑救 A 类火灾即固体燃烧的火灾应选用水、泡沫、磷酸铵盐干粉、卤代烷型灭火器。

2. 扑救 B 类即液体火灾和可熔化的固体物质火灾应选用

干粉、泡沫、卤代烷、二氧化碳型灭火器（这里值得注意的是，化学泡沫灭火器不能灭 B 类极性溶剂火灾，因为化学泡沫与有机溶剂按触，泡沫会迅速被吸收，使泡沫很快消失，这样就不能起到灭火的作用（醇、醛、酮、醚、酯等都属于极性溶剂）。

3. 扑救 C 类火灾即气体燃烧的火灾应选用干粉、卤代烷、二氧化碳型灭火器。

4. 扑救带电火灾应选用卤代烷、二氧化碳、干粉型灭火器。

5. 对 D 类火灾即金属燃烧的火灾，就我国目前情况来说，还没有定型的灭火器产品。目前国外扑灭 D 类火灾的灭火器主要有粉装石墨灭火器和灭金属火灾专用干粉灭火器。在国内尚未定型生产灭火器和灭火剂的情况下可采用干砂或铸铁末灭火。

5. 常见的手提式灭火器只有三种：手提式干粉灭火器、手提式二氧化碳灭火器和手提式卤代型灭火器，其中，目前在宾馆、饭店、影剧院、医院、学校等公众聚集场所使用的多数是磷酸铵盐干粉灭火器（俗称"ABC 干粉灭火器"）和二氧化碳灭火器，在加油、加气站等场所使用的是碳酸氢钠干粉灭火器（俗称"BC 干粉灭火器"）和二氧化碳灭火器。

（二）干粉灭火器的使用方法

干粉灭火器有手提式、贮压式。其性能有普通（BC）和通用（ABC）干粉之分。干粉灭火器筒体内装的干粉，使用时在压力的驱动下从喷嘴内向外喷出。干粉灭火器适用于扑救液体火灾、带电设备火灾，特别适用于扑救气体火灾。这是其他灭火器所难比拟的。它也能扑救仪器火灾，但扑救后要留下粉末，对精密仪器火灾是不适宜的。

1. 手提式干粉灭火器使用时，一种是将拉环拉起，一种是压下压把，这时便有干粉喷出。但应注意，必须首先拔掉保险销，否则不会有干粉喷出。

2. 手提式干粉灭火器喷射时间很短，所以使用前要把喷粉胶管对准火焰后，才可打开阀门。手提式干粉灭火器喷射距离也很短，所以使用时，操作人员应尽量接近火源。并要根据燃烧范围选择合适规格的灭火器，如果燃烧范围大，灭火器规格小，就会前功尽弃。

3. 手提式干粉灭火器不需要颠倒过来使用，但如在使用前将筒体上下颠动几次，使干粉松动，喷射效果会更好。

4. 干粉喷射没有集中的射流，喷出后容易散开，所以喷射时，操作人员应站在火源的上风方向。

5. 干粉灭火器不能从上面对着火焰喷射，而应对着火焰的根部平射，由近及远，向前平推，左右横扫，不让火焰窜回。

6. 在扑救液体火灾时，因干粉灭火器具有较大的冲击力，不可将干粉直接冲击液面，以防把燃烧的液体溅出，扩大火势。

7. 干粉灭火器在正常情况下，有效期可达 3~5 年，但中间每年应检查一次。

8. 干粉灭火器要放在取用方便、通风、阴凉、干燥的地方，防止筒体受潮，干粉结块。干粉灭火器不可接触高温，不能放在阳光下曝晒，也不能放在温度低于 -10℃ 以下的地方。

9. 干粉灭火器一经打开阀门使用，无论是否用完，都要重新充气换粉。

10. 干粉的冷却作用微小，灭火后一定要防止复燃。

干粉灭火器的使用方法见书后插页。

（三）二氧化碳灭火器的使用方法

1. 先拔出保险栓，再压下压把（或旋动阀门），将喷口对准火焰根部灭火。

2. 二氧化碳灭火器注意事项：使用时要戴手套，以免皮肤接触喷筒和喷射胶管，防止冻伤。使用二氧化碳灭火器扑救电器火灾时，如果电压超过 600 伏，应先断电后灭火。

四、不能用水来扑救的火灾

1. 碱金属不能用水扑救。因为水与碱金属（如金属钾、钠）

作用后能使水分解而生成氢气和放出大量热，容易引起爆炸。

2. 碳化碱金属、氢化碱金属不能用水扑救。如碳化钾、碳化钠、碳化铝和碳化钙以及氢化钾、氯化镁遇水能发生化学反应，放出大量热，可能引起着火和爆炸。

3. 轻于水的和不溶于水的易燃液体，原则上不可用水扑救。

4. 熔化的铁水、钢水不能用水扑救。因铁水、钢水温度约在1600℃，水蒸气在1000℃以上时能分解出氢和氧，有引起爆炸危险。

5. 三酸（硫酸、硝酸、盐酸）不能用强大水流扑救，必要时，可用喷雾水流扑救。

6. 高压电气装置火灾，在没有良好接地设备或没有切断电流的情况下，一般不能用水扑救。

五、火灾中的自救

火灾中的人员伤亡，多发生在楼上，或因逃生困难，或因烟气窒息，或被迫跳楼，或被烈火焚烧。那么发生火灾时，应如何自救呢？

1. 如果楼梯已经着火，但火势尚不猛烈时，这时可用湿棉被、毯子裹在身上，从火中冲过去。

2. 如果火势很大，则应寻找其他途径逃生，如利用阳台滑向下一层，越向邻近房间，从屋顶逃生或顺着水管等落向地面。

3. 如果没有逃生之路，而所有房间离燃烧点还有一段距离，则可退居室内，关闭通往火区的所有门窗，有条件时还可向门窗洒水，或用碎布等塞住门缝，以延缓火势蔓延过程，等待求救。

4. 要设法发出求救信号，可向外打手电，或抛出小的软的物件，避免叫喊时救援人员听不见。

5. 如果火势逼近，又无其他逃生之路时，也不要仓促跳楼，可在窗上系上绳子，也可临时撕扯床单等连接起来，顺着绳子下滑。

6. 防止窒息或呼吸道烧伤，应用湿毛巾等简便器材捂住口鼻。同时，身体应放低姿势撤离火场。因为人的姿势越高，烟雾及毒气浓度越大。

7. 身上着火，尽量保持镇静，立即脱掉着火的衣服或立即用水浇灭火焰，或就地滚压灭火；或跳入水池、河沟内灭火，或用棉被、大衣等覆盖灭火等。切忌带火奔跑、呼喊，以免呼吸道烧伤或火借风势，越烧越旺。

六、火灾中的疏散

疏散是将受火灾威胁的人和物资疏散到安全地点，这是减少人员伤亡和物资损失的重要措施。疏散时要注意以下几点：

1. 疏散人员要优先疏散老人、小孩和行走不便的弱势群体。

2. 疏散物资要优先疏散那些性质重要、价值大的原料、产品、设备、档案、资料等。

3. 对有爆炸危险的物品、设备也应优先疏散或采取安全措施。

4. 在燃烧区和其他建筑物之间堆放的可燃物，也必须优先疏散，因为它们可能成为火势蔓延的媒介。

5. 火灾发生时，要优先保障遇险人员的生命安全。人员密集场所发生火灾后，该场所的现场工作人员要履行组织、引导在场人员疏散的义务。

思考题

1. 常见的火源的种类？

2. 引发火灾的三个条件与四项预防措施是什么？

3. 农家乐的防火要点？

4. 厨房常用的灭火方法？

5. 干粉灭火器使用方法？

（诸葛毅　江学金）

本篇参考文献

1. 祁宝祥. 消防安全知识读本. 第1版. 长春：吉林科学技

术出版社，2009

　　2. 陈雪峰. 消防安全实用手册. 第 1 版. 北京：人民日报出版社，2008

　　3. 沈耀宗. 消防器材使用指南. 第 1 版. 北京：警官教育出版社，1996

　　4. 陈雪峰.《中华人民共和国消防法》简明读本. 第 1 版. 北京：人民日报出版社，2008

　　5. 陈雪峰.《中华人民共和国消防法》学习问答. 第 1 版. 北京：人民日报出版社，2008

　　6. 陈雪峰.《中华人民共和国消防法》释义. 第 1 版. 北京：人民日报出版社，2008

　　7. 赵长征. 电气火灾防治与调查技术. 第 1 版. 沈阳：辽宁大学出版社，2011

　　8. 李楠. 火灾、地震、泥石流安全自救常识. 第 1 版. 长春：吉林摄影出版社，2011

　　9. 阎卫东. 多员多室建筑火灾人员疏散实验研究. 第 1 版. 成都：西南交通大学出版社，2010

第九章　交通安全

学习目标

应知（知识目标）
- 交通信号灯及指令含义
- 必须遵守的交通安全注意事项

应会（技能目标）
- 宣传道路交通安全法

第十届全国人民代表大会常务委员会第五次会议于 2003 年 10 月 28 日通过了《中华人民共和国道路交通安全法》；国务院第 405 号令公布了 2004 年 4 月 28 日国务院第 49 次常务会议通过的《中华人民共和国道路交通安全法实施条例》，条例自 2004 年 5 月 1 日起施行；中华人民共和国公安部令第 123 号公布修订后的《机动车驾驶证申领和使用规定》，自 2013 年 1 月 1 日起施行。道路交通管理应遵守国家法律法令，违法将予以处理。

严禁酒后驾车，《中华人民共和国道路交通安全法》中将饮酒后违法驾驶机动车的行为分成"酒后驾车"和"醉酒驾车"两个档次，其检测标准是驾驶人员血液中的酒精含量 Q（简称血酒含量，单位：mg/100ml）。当 $20 \leqslant Q \leqslant 80$ 时，为酒后驾车；当 $Q > 80$ 时，为醉酒驾车。机动车驾驶人有饮酒、醉酒、服用国家管制的精神药品或者麻醉药品嫌疑的，应当接受测试、检验，事发时无其他机动车驾驶人即时替代驾驶的，公安机关交通管理部门除依法给予处罚外，可以将其驾驶的机动车移至不妨碍交通的地点或者有关部门指定的地点停放。依法处罚的相关规定为：① 饮酒后驾驶机动车的，处以暂扣六个月机动车驾驶证，并处一千元以上二千元以下罚款。因饮酒后驾驶机动车被处罚，再次饮酒后驾驶机动车的，处十日以下拘留，并处一千元以上二千元以下罚款，吊销机动车驾驶证。②醉酒驾驶机动车的，由公安机关交通管理部门约束至酒醒，吊销机动车驾驶证，依法追究刑事责任；五年内不得重新取得机动车驾驶证。③饮酒后驾驶营运机动车的，处十五日拘留，并处五千元罚款，吊销机动车驾驶证，五年内不得重新取得机动车驾驶证。④醉酒驾驶营运机动车的，由公安机关交通管理部门约束至酒醒，吊销机动车驾驶证，依法追究刑事责任；十年内不得重新取得机动车驾驶证，重新取得机动车驾驶证后，不得驾驶营运机动车。⑤饮酒后或者醉酒驾驶机动车发生重大交通事故，构成犯罪的，依法追究刑事责任，并由公安机关交通管理部门吊销机动车驾驶证，终生不得重新取得机动车驾驶证。

第一节 各种交通信号灯信号释义

　　人们日常出行通过交通道路时必须遵守交通警察的指挥，或遵守交通信号指令。熟悉常见的交通信号灯，并了解其信号的科学指令含意是很重要的事情。

　　1. 绿灯信号：绿灯信号是准许通行信号。按《交通安全法实施条例》规定：绿灯亮时，准许车辆、行人通行，但转弯的车辆不准妨碍被放行的直行车辆和行人通行。

　　2. 红灯信号：红灯信号是绝对禁止通行信号。红灯亮时，禁止车辆通行。右转弯车辆在不妨碍被放行的车辆和行人通行的情况下，可以通行。红灯信号是带有强制意义的禁行信号，遇此信号时，被禁行车辆须停在停止线以外，被禁行的行人须在人行道边等候放行；机动车等候放行时，不准熄火，不准开车门，各种车辆驾驶员不准离开车辆；自行车左转弯不准推车从路口外边绕行，直行不准用右转弯方法绕行。

3. 黄灯信号：黄灯亮时，已越过停止线的车辆，可以继续通行。黄灯信号的含义介于绿灯信号和红灯信号之间，既有不准通行的一面，又有准许通行的一面。黄灯亮时，警告驾驶人和行人通行时间已经结束，马上就要转换为红灯，应将车停在停止线后面，行人也不要进入人行横道。但车辆如因距离过近不便停车而越过停止线时，可以继续通行。已在人行横道内的行人要视来车情况和交通信号灯，尽快通过，或原地不动，或退回原处。

4. 闪光信号警告灯：为持续闪烁的黄灯，提示车辆、行人通行时注意瞭望，确认安全后通过。这种灯没有控制交通先行和让行的作用，有的悬于路口上空，有的在交通信号灯夜间停止使用后仅用其中的黄灯加上闪光，以提醒车辆、行人，注意前方是交叉路口，要谨慎行驶，认真观望，安全通过。在闪光警告信号灯闪烁的路口，车辆、行人通行时，即要遵守确保安全的原则，同时还应遵守没有交通信号或交通标志控制路口的通行规定

5. 方向指示信号灯：方向信号灯是指挥机动车行驶方向的专用指示信号灯，通过不同的箭头指向，表示机动车直行、左转或者右转。它由红色、黄色、绿色箭头图案组成。

车道信号灯：车道灯由绿色箭头灯和红色叉形灯组成，设在可变车道上，只对本车道起作用。绿色箭头灯亮时，准许本车道车辆按指示方向通行；红色叉形灯或者箭头灯亮时，禁止本车道车辆通行。

6. 人行横道信号灯：人行横道信号灯由红、绿两色灯组成。在红灯镜面上有一个站立的人形象，在绿灯面上有一个行走的人形象。人行横道信号灯设在人流较多的重要交叉路口的人行横道两端。灯头面向车道，与道路中心垂直。人行横道灯信号有绿灯亮、红灯亮两种信号，其含义与路口信号灯信号的含义相似，即绿灯亮时，准许行人通过人行横道；红灯亮时，禁止行人进入人行横道，但是已经进入人行横道的，可以继续通过或者在道路中心线处停留等候。

第二节　道路交通安全注意事项

　　道路是社会公共资源，也是行人和各种交通工具共同使用的场所。遵守国家道路交通法规，遵守道路交通文明道德，各自注意交通安全事项，是行人和驾驶各种交通工具的人需遵守的共同的社会准则，也是维护道路交通秩序，保障道路交通安全的必然要求。

一、行人必须注意的交通安全事项

　　行人是道路交通安全中比较容易受到伤害的人，也是法律规定需要保护的弱者。交通安全条例规定行人在道路上须在人行道内行走，如果没有人行道的，须靠右边行走。如果行人结队通过交通道路时，要求每横排不准超过2人。特别规定儿童的队列，必须在有人指挥的状态下、在人行道上行进。无论在城市或是乡村，行人切记不要在拥挤的交通道路久留，更不要争吵、好奇、围观一些稀奇古怪的场面。

　　行人横穿马路时，按规定必须走人行横道线；在穿越交通路口时，要遵守交通规则，做到"红灯停，绿灯行"，或听从交通民警的指挥。在没有人行横道线的路段，行人要穿行交通道路，要养成"朝两边看"的良好习惯，在确认没有机动车通过时才可以穿越马路。

　　在城市道路上，如有过街天桥或过街地道的路段，应自觉走过街天桥和地下通道穿行交通道路。不准翻越道口护拦、穿越机动车道。在设有中央隔离栏的道路上，不准翻越中央安全护栏和隔离墩，更不能在道上扒车、追车、强行拦车或抛物击车。对交通标志中一些标有"禁止通行"、"危险"的地域，切记不要斗胆尝试。

二、乘车人必须注意的交通安全事项

　　汽车是人们外出最常用的交通工具，应遵守社会公共秩序，乘坐公共汽车，要自觉排队候车，按先后顺序上下车，不要拥挤。上下车时均应该等车辆停稳以后，先下后上，不要抢车、争座，更不要扒车拖行等。上车以后要坐稳扶好，没有座位时，要双脚自然分开，侧向站立，握紧扶手，以免车辆紧急刹车时摔倒受伤。年青人应主动为老弱病残妇女儿童等让座。

乘坐小轿车、微型客车出行时，前排乘员应系好安全带。不论乘何种车辆，乘车人不要把头、手等伸出车窗外，以免被对面来车或路边树木等刮伤。也不要向车窗外乱扔杂物，以免击伤路人。

外出乘车，应轻装简行，避免拥挤；尽量避免乘坐卡车、拖拉机等非正式乘用车，没有其它选择乘坐时，千万不要站立在后车厢里或坐在车厢板上，防止颠簸碰撞或跌落。不要在机动车道上或险窄路段等候车、招呼出租汽车等。

严禁把汽油、烟花爆竹等易燃易爆的危险品、违禁品带入车箱内。

三、骑自行车、三轮车、电动自行车、残疾人机动轮椅车需要注意的交通安全事项

自行车也是人们经常使用的交通工具，骑车出行前要仔细检查车辆性能状况是否正常，主要看制动装置（刹车）是否有效，车把、车叉是否牢固可靠，车铃响不响，车胎的气足不足，只有在车况正常情况下才可使用。选择出行的自行车的车型大小要合适，不要骑儿童玩具车上街，也不要人小骑大车。

交通条例规定不能在马路上学骑自行车，未满十二岁的儿童，不得骑自行车上街。骑自行车要在非机动车道上靠右边行驶，不能逆行；转弯时不抢行猛拐，要提前减慢速度，看清四周情况，以明确的手势示意后再转弯。交叉路口要严格遵守交通警察或交通灯指令，在无交通标识的路口要停下来看清、看准，环境许可后再通行。骑车经过复杂地段时，要缓缓而行，必要时下车推行。

　　遵守骑车交通规章，包括搭载物大小范围、行驶路面、路线范围、停放地点都不得超出条例规定，是保障安全的重要前题。骑车时不载过重的东西，不骑车带人，不在骑车时戴耳机听广播，保持中速行驶，双手扶把；不要双手撒把，不多人并骑，不互相攀扶，不互相追逐、打闹，不攀扶机动车辆。

　　三轮车、电动自行车、残疾人机动轮椅车等也是常见的交通工具，交通条例规定：驾驶电动自行车和残疾人机动轮椅车必须年满16周岁，自行车、三轮车等不得加装动力装置，非下肢残疾的人不得驾驶残疾人机动轮椅车，不得醉酒驾驶。

四、驾车外出必须遵守的交通安全注意事项

　　驾驶机动车，应当依法取得机动车驾驶证。驾车外出必须携带驾驶证、行驶证、公路安全行车指南和公路交通地图，了解沿途路况信息和天气情况。出行前应当对机动车的安全技术性能进行认真检查，特别对车辆转向、制动、轮胎、灯光等安全设施进行检查，不得驾驶安全设施不全或者机件不符合技术标准等带有安全隐患的机动车。

　　驾驶人应当遵守道路交通安全法律、法规的规定，规范操作，安全文明驾驶。系好安全带，儿童乘车不要坐在前排，驾车时不拨打或接听手机，避免引起驾驶人注意力分散的闲聊和其它活动。在道路上行驶时，遵守限速标志、标线标明的速度，禁止违规超速；保持车辆间安全距离，减递会车，不强行超车；保持中速行驶、安全礼让、谨慎驾驶，避免交通伤害。

　　在交叉路口、环形路口、铁路道口、立交桥上、弯道、坡道、窄道、不熟悉路况的山区道路等交通情况复杂的路段，严格遵守交通标志或交通信号指令，观察前方的交通情况，确认安全后，减速慢行，谨慎通过，必要时鸣喇叭示意。特别注意夜间行车安全。

　　在长途行车时，应按规定中途作适当休息，拒绝疲劳驾车。为保障自己和他人的生命安全，禁止酒后和服用国家管制的精神药品或者麻醉药品驾车。自觉拒绝超员、超载。

道路交通中注意避让行人，特别注意行动不便的老人、各种残疾人、精神病人、嬉戏的儿童等；避让自行车和其它人力畜力车辆；谨慎通过村镇、城区、集贸市场、学校等人员密集区域；遇人行横道线上行走的行人时，要停车让行；农村道路行驶时注意保护牲畜。

注意安全停车，停车后必须熄火、关闭电路，拉紧手制动器，确认锁好车门。在停车场内停放车辆时，要听从管理人员指挥，停放整齐，不影响他人车辆进出。

如果发生道路交通意外或事故时，要冷静处理。汽车因故障停在道路中央时，应设法迅速推移至道路右侧不阻碍交通的地方；因爆胎等原因不能迅速推移的，应开危险信号灯，在车前、车后设置明显标志，夜间应打开示宽灯、尾灯，车上人员应迅速转移到安全地带。发生交通事故时应妥善保护好现场，并立刻报警，对受伤人员实施及时救援。

思考题

1. 交通信号指令的含义。

2. 行人必须注意的交通安全事项。

3. 驾车人必须注意的交通安全事项。

（裴丽萍）

本篇参考文献

1. 雷正保. 交通安全概论. 第 1 版. 北京：人民交通出版社，2011

2. 张丽佳. 道路交通安全法百问. 第 1 版. 长春：吉林人民出版社，2008

3. 张诚. 呵护生命：道路交通安全常识例话. 第 1 版. 北京：中国方正出版社，2007

4. 张雪梅，温志刚. 道路交通安全. 第 1 版. 北京：群众出

版社，2007

　　5. 四川省公安厅交通管理局. 四川省《中华人民共和国道路交通安全法》实施办法理解与运用. 第 1 版. 成都：四川大学出版社，2006

　　6. 全国人民代表大会常务委员会. 中华人民共和国道路交通安全法（2011 最新修正版）. 第 1 版. 北京：法律出版社，2011

　　7. 李忠信，周晓红. 中华人民共和国道路交通安全法释义. 第 1 版. 北京：中国物价出版社，2003

　　8. 李建华，王立. 中华人民共和国道路交通安全法实施条例适用指南. 第 1 版. 北京：中国法制出版社，2007

第十章　野外安全防范知识

学习目标

应知（知识目标）
- 常见的毒蜂
- 虫咬性皮炎的表现
- 常见的毒蛇

应会（技能目标）
- 蜂螫伤的急救法
- 虫咬性皮炎的临时处理
- 毒蛇咬伤的应急救处理

第一节　毒蜂螫伤

一、毒蜂螫伤概述

毒蜂为节肢动物，其种类繁多，主要有大黄蜂、黄蜂、马蜂、蜜蜂、木蜂、竹蜂等多种有毒刺的蜂类，其毒力以蜜蜂最小，黄蜂和大黄蜂较大，竹蜂毒力最强。毒蜂螫伤是生活中常见的一种生物性损伤。蜜蜂螫针有逆钩，螫人后螫针常残留体内，而黄蜂的雄蜂无螫针，雌蜂螫针无逆钩。

毒蜂尾端的螫针常与毒腺相通，螫人后将毒液注入人的体内，引起中毒。蜂毒素是毒腺中分泌的一种酸性（如蜜蜂）或碱性（如黄蜂，图 10 - 1 所示）毒液，成分复杂，不同蜂种的蜂毒各不相同，主要为多肽、激肽、胺类、酶类和其他多种生物活性物质，可引起溶血、出血、神经毒等作用。

单个毒蜂为体积很小的昆虫，一次被螫伤进入体内的毒量有限，不致发生严重症状，一般表现为局部皮肤发生红、肿、痛等症状；但有时也会引起过敏性反应，可出现荨麻疹、恶心、呕吐、发热、胸痛等，少见可发生过敏性休克。严重螫伤会引起中毒性肝、肾损害，中枢神经损害，心血管功能紊乱等严重症状。

二、毒蜂螫伤的症状表现

毒蜂螫伤的表现和危重程度，主要取决于毒蜂的种类与数量，以及过敏反应。若为蜜蜂螫伤，则一般有螫针残留，螫伤处常出现明显红肿、发热、麻痛或刺痛，伤口可有少量淡黄色液体，经数小时至 10 小时后消失，无全身中毒症状。重者局部可有水泡形成，出现瘀点、变黑，甚至发生组织坏死。

全身中毒反应可有头晕、头痛、不安等表现，轻者一般可在数小时内消失。对蜂毒过敏者，可能迅速出现荨麻疹、哮喘或过敏性休克。若遭群蜂或黄蜂多处螫伤，患者可发生恶心、呕吐，严重者发生中毒性休克，以致周围循环衰竭、肺水肿，因呼吸衰竭而死亡。部分蜂毒可引起溶血性急性肾功能衰竭及肝脏损害报道。

三、毒蜂螫伤的应急处理

被蜜蜂螫后，应立即小心拔出毒刺，如有断刺残留在肉内，必须用镊子或消毒针将其剔出，然后用肥皂水、3% 氨水等弱碱性溶液清洗，如果没有则用干净的清水冲洗伤口、纯牛奶擦洗，如图 10 - 2 所示。如被其他蜂螫刺，最好用食用醋洗涤，然后用力掐住被螫伤处，用拨火罐或吸奶器吸出毒液。切勿用手拍打挤压，以免更多的毒液挤入皮内引起严重反应。野外应急时，可在患处用力涂抹柠檬、橙子等水果，也可以采撷鲜蒲公英、紫花地丁、景天三七、七叶一枝花和半边莲等解毒草药捣烂外敷。民间有用人奶治疗蜂螫的验方，颇有效果。有全身症状者，在采用上述措施后应多饮水，以加快毒素排泄。保持患者休息，镇静，一般螫伤二十分钟后无严重症状者，可以放心，否则切莫掉以轻心，应尽快送医（尤其被成群蜂螫伤）。

图 10 - 1　黄蜂　　　　　　　图 10 - 2　蜂螫伤后的处置

四、防蜂注意事项

到农村山林郊游，最好不洒香水，不使用含有芳香味的洗发精或发胶，穿戴表面光滑、色调浅淡衣帽，避免表面粗糙、颜色鲜艳的衣服，特别避免红黄橙等接近花蕊的颜色，裤子能够扎到靴子里最好。携带的甜性食物和含糖饮料要密封保管，以免招来毒蜂。

避免经过没人走的草径、花丛，这些区域可能是毒蜂筑巢之所。留心观察山岩和树枝，有些蜜蜂栖息在树枝上，阴雨天特别要小心。经过蜂巢时要保持冷静，不要惊动毒蜂，切不可乱捅蜂窝或挑逗蜂群，以免群蜂攻击。发现蜂类从身边飞过，最好站立不动，保持镇静，不要用手拍打。不小心触动有蜂巢的树枝灌木，引起蜂群骚动，不要猛跑狂奔，应就地蹲下，用衣服或随身携带的草帽遮挡颜面和头颈（蜂类喜欢攻击人的头部），耐心静候蜂群活动恢复正常之后，再慢慢退却离开。

第二节　虫咬性皮炎

虫咬性皮炎是指被昆虫、节肢动物叮咬，或接触昆虫毒毛而引起的皮肤过敏性炎症反应。常见引起的有蚊子、跳蚤、虱类、飞蠓（小黑虫）、臭虫、飞蛾等，桑毛虫、刺毛虫、松毛虫等毒毛接触皮肤也引起发病。人体皮肤因被叮咬，接触其毒液、或虫体的粉毛，引起过敏反应或炎症。

虫咬性皮炎一般好发于夏秋季节，常见于手臂、腿、腰等暴露部位，但由跳蚤、臭虫等引起的，多在覆盖部位。局部皮肤常发生红肿、丘疹、风团或淤点，亦可出现红斑、丘疱疹或水疱，中心可见叮咬痕迹，皮肤上常散在分布或数个成群，如图 10 - 3 所示。儿童对叮咬反应较为强烈，通常表现为大片肿胀的红斑。主观感觉刺痛、灼痛、奇痒，一般无全身不适，严重者可有发热、头痛、胸闷等全身中毒症状。常因搔抓可引起并发脓疱疮，继发感染或局部淋巴结肿大。

虫叮咬时最好不要拍打，应将其掸落为好。一旦发生虫咬性皮炎应当及时处理，避免搔抓。及时用热水烫，可以解痒，也可选用随身携带的清凉油、风油精等外涂。对松毛虫、桑毛虫皮炎可用橡皮膏粘去患处刺毛，用香皂水或者碱性的水溶液对受伤部位进行清洗，以减轻毒素的侵袭，并可用新鲜马齿苋捣烂外敷，或涂 5% 碘酒。症状严重的应及时赴医院诊治。

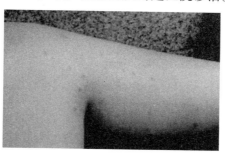

图 10 - 3　图 10 - 3 下肢多发性虫咬性皮炎

为防止虫咬性皮炎，首先应改善环境卫生，消灭害虫。外出尽量穿长袖衣裤、鞋袜，小孩玩耍时更要尽量不要裸露身体，勤剪指甲。少在草丛中坐卧休息，夜晚尽可能不在野外灯光下停留或玩耍，不接触农家宠物，最好少用香皂。多吃含胡萝卜素的蔬菜及大蒜等有辛辣味的蔬菜。农家乐住宿地房前屋后喷洒杀虫剂，室内要安装纱窗、睡觉挂蚊帐，或可使用各种灭蚊剂，床上不要用草编织品，凉席需每天清洁处理，不让螨虫、跳蚤和各种小虫有可乘之机，被褥、床板经常在太阳下晾晒。

第三节　　蛇咬伤

一、蛇咬伤概述

蛇咬伤指被蛇牙切入肉体，特别是指毒蛇分泌毒液通过伤口进入体内所造成的损伤。被无毒蛇咬伤，就像平时打针的一个针眼大小的伤口，没有严重影响。而被毒蛇咬伤，蛇毒浸入体内，根据受伤者形体的大小、咬伤的部位、毒蛇种类不同、蛇毒注入的量、蛇毒吸收到病人血液循环的速度、以及被咬后应用特异的抗蛇毒血清间隔时间的长短，后果很不相同。

图 10 - 4　眼镜王蛇

二、如何区分毒蛇和无毒蛇

全世界共有蛇类 2500 余种，其中毒蛇 650 余种，有剧毒的毒蛇达 195 种。我国蛇类有 160 余种，其中毒蛇有 50 余种，剧毒、危害巨大的有 10 种。我国较常见且危害较大的毒蛇主要有金环蛇、银环蛇、眼镜蛇和眼镜王蛇，如图 10 - 4 所示，主要分布在长江以南；青环海蛇和长吻海蛇，分布在我国东南沿海；蝰蛇、五步蛇、烙铁头、竹叶青和蝮蛇（其中蝮蛇分布范围广泛）等其他几种毒蛇主要分布在长江流域和东南、西南各省。估计全国每年被毒蛇咬伤的人数在 30 万以上，死亡率约为 10%。蛇类活动高峰常在每年夏秋季节，易在森林、山区、草地中伤人。

那么怎么来区分有毒蛇和无毒蛇呢？一般从外表看，毒蛇的头部一般多呈三角形，如五步蛇等，但也有少数的毒蛇如银环蛇的头部呈椭圆形；无毒蛇的头部一般呈椭圆形，如乌梢蛇等，但也有少数的无毒蛇如顿核蛇的头部呈三角形的。毒蛇的颜色、花纹较鲜艳或有特殊花纹，如五步蛇、银环蛇等，但也有极少数毒蛇例外，颜色不鲜明；无毒蛇的斑纹颜色一般不鲜明，如乌梢蛇等，但也有极少数无毒蛇斑纹颜色鲜明，如火赤链蛇等。毒蛇的体形常常粗而短，尾部不均匀、断钝或侧扁形，如眼镜蛇等，但也有极少数毒蛇的尾部细而长，如银环蛇等；无毒蛇体型较匀称，尾部一船细而长，如翠青蛇等，但也有极少数无毒蛇的尾部粗而短，如渔游蛇等。毒蛇一般盘卷着休息，或睡觉时头部多插到腹面下面，发现人后一般不逃跑，或逃跑时爬行动作迟缓；无毒蛇则爬行迅速，胆小怕人。

如果是无毒蛇咬伤，一般牙痕是2行排列的；而毒蛇咬伤只有2颗大牙印。普通的无毒蛇咬伤只在人体伤处皮肤留下细小的齿痕，轻度刺痛，有的可起小水疱，无全身性反应，可用70%酒精消毒，外加纱布包扎，一般无不良后果。如被咬伤15分钟后，有身体不适症状则就可能是毒蛇了。

三、（毒）蛇咬伤的应急处理和注意事项

一旦发生蛇咬伤，不能明确判定的，均应按毒蛇咬伤处理。

发现被毒蛇咬伤后，首先，不要惊慌失措，不要剧烈奔跑，伤者应立即坐下或卧下，以减慢蛇毒在人体内的扩散速度和人体对蛇毒的吸收，减轻全身反应，自行或呼唤别人来帮助。第二，尽可能记清楚伤口的形态，详细告知急救的医务人员；如果把蛇打死，则带上死蛇，以便医务人员及时、正确地判断和给以治疗。第三，迅速用可以找到的柔软绳或带绑扎伤口的近心端，如果手指被咬伤可绑扎指根，手掌或前臂被咬伤可绑扎肘关节上，脚趾被咬伤可绑扎趾根部，足部或小腿被咬伤可绑扎膝关节下，

大腿被咬伤可绑扎大腿根部。绑扎的目的仅在于阻断毒液经静脉和淋巴回流扩散，减少毒液吸收，而不妨碍动脉血的供应，与止血的目不同。故绑扎无需过紧，它的松紧度掌握在能够使被绑扎的下部肢体动脉搏动稍微减弱为宜。绑扎后每隔30分钟左右松解一次，每次2~3分钟，以免影响血液循环造成组织缺血坏死。第四，应紧急排毒，立即用冷开水或泉水冲洗伤口及周围皮肤，以洗掉伤口及表面毒液。有条件的话可用生理盐水、肥皂水、双氧水、千分之一的高锰酸钾溶液、四千分之一的呋喃西林溶液冲洗。若具有一定的医学专业知识，还可施行刀刺排毒，用清洁的小刀挑破伤口，不需要太深，以划破两个毒牙痕迹间的皮肤为原则，也可在伤口周围的皮肤上，挑数个小孔，防止伤口闭塞，并立即清洗伤口，配以挤压，挤出毒液。再有条件，可用吸吮排毒，采用拔火罐、针筒抽吸毒液，无工具时可直接用嘴吸吮，但是注意吸的人不能有口腔破溃，吐出毒液后要充分漱口。第五，必须制作简易担架，抬着被咬人走，或安排机动车辆迅速转送医疗单位，进行急诊救治。转运过程中要消除病人紧张心理，保持安静。

蛇药是治疗毒蛇咬伤有效的中成药，现在市面上有南通（季德胜）蛇药、上海蛇药、广州（何晓生）蛇药等，外出也可备用，可以口服或敷贴局部，有的还有注射针剂，用法可详细阅读说明书。此外还有一部分新鲜草药也对毒蛇咬伤有疗效，如七叶一枝花、八角莲、半边莲、田薹黄、白花蛇舌草等，野外应急时也可以采用。

四、如何防范（毒）蛇咬伤

现在提倡生态平衡，已经不再一味强调灭鼠以断蛇粮，捕杀毒蛇了，蛇也是大自然中的一个物种，和平相处，也是人类的朋友。预防蛇咬伤，避免毒蛇伤人的意外事件，首先是我们自己应该加强学习科学知识，普及识别有毒蛇和无毒蛇的区分，学会毒蛇咬伤后的急救处理和自救知识。其次是要发动群众搞好农家住宅周围的环境卫生，产除杂草，清理乱石，堵塞洞穴，消灭毒蛇的隐蔽场所；野外露营时应选择空旷而干燥的地方，避开草丛、石逢、树丛、竹林等阴暗潮湿的地方，晚上应在营帐外生起营火，还可以在周围施以石灰等。第三在蛇区野外活动时，宜穿厚长裤、皮靴、长袜，裤管最好与靴统相连，头戴帽子，夜晚配上照明用具，不要光脚或仅穿拖鞋。在进入草丛、灌木前，应先用棍棒驱赶毒蛇，注意观察周围情况，及时排除隐患。不要随便将手插入树洞、岩石空隙、浓密的杂草堆中，不要随意翻动石块，这些都是白天蛇栖息的地方。尽量不要在毒蛇常出没的地区涉水或游泳，因为大部分毒蛇都是游泳高手，水中可能潜伏毒蛇。第四发现毒蛇时，不要惊慌失措，采用左、右拐弯的走动来躲避绕开走；或是站在原处，面向毒蛇，注意来势左右避开，寻找机会拾起树枝自卫；不要轻易尝试抓蛇或逗蛇，因为蛇被激惹可能会伤人。第五自备蛇药、涂擦防蛇药液等，也能起到预防的作用。

思考题

1. 毒蜂螫伤的应急处理。
2. 毒蛇咬伤的应急处理。
3. 预防毒蛇咬伤的注意事项。

（裴丽萍）

本篇参考文献

1. 刘瑞峰，齐家玉，刘买如. 现代安全防护与急救. 第1版. 武汉：华中师范大学出版社，2010

2. 邵廻龙，赵霞，裴晶. 基层医师急救手册. 第1版. 北京：科技文献出版社，2009

3. 李金年，任新生. 急救手册 社区医生版. 第1版. 天津：天津科学技术出版社，2009

4. 张光武. 现场急救及护理知识. 第1版. 北京：金盾出版社，2009

5. 王旭辉. 乡村旅游的公共卫生及安全. 第1版. 贵阳：贵州科技出版社，2007

附一　普通鼠夹的使用

一、普通鼠夹

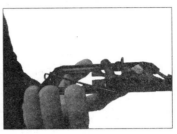

二、在鼠夹踏板上放上诱饵

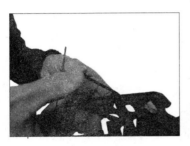

三、提起销子，反起金属夹框

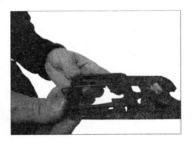

四、将销子压住金属夹框，销头穿
进踏板的孔中，使之处于触发状态

附二　捕鼠笼的使用

一、普通捕鼠笼

二、升起闭锁横杆，反开笼门

三、钩住笼门

四、固定触发装置，放置诱饵

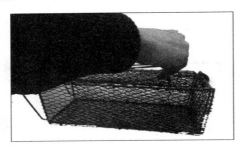

五、安置触发钩

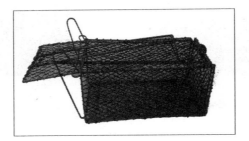

六、使之处于触发状态

附三　应急饮用水的处理

一、取一大号清洁矿泉水瓶

二、用剪刀剪去瓶底

三、用大头针在矿泉水瓶颈
部位刺若干个小孔

四、倒入无土质干净的细沙

五、倒入木炭粉并压紧　　　　　　六、将需处理的水慢慢倒入，
　　　　　　　　　　　　　　　　　　收集过滤后的干净水

附四 干粉灭火器的使用步骤

步骤一：拉出铅封和保险。

步骤二：握住上下把手。

步骤三：将喷口对住火源。

注意：灭火器要与火源保持
2 米左右的距离。

后 记

近年来，浙江省衢州职业技术学院一直把服务地方经济社会作为自身的责任和义务，积极开展农村实用人才的培训培养工作，在农民培训方面积累了丰富的经验，得到了社会的广泛认可。为进一步提高农民培训的针对性和实效性，在衢州市农业和农村工作办公室等部门的大力支持下，组织了相关专业教师，经充分调研，精心编写了培训教材。本次组织编写的"农村实用人才带头人培训教材"共3本，包括《乡村安全员培训教程（初级）》、《乡村护理员培训教程（初级）》和《乡村营养师培训教程（初级）》，涉及餐饮卫生安全、用电和消防安全、礼仪素养、急救护理技能、营养学基础知识、饮食与疾病等多方面内容。希望这套教材的出版，对农村基层民众提高相关经营水平、提升科技文化素养、增强致富奔小康的本领发挥积极作用。

本套教材是广大农村基层民众的培训学习手册，内容简单、易懂、易操作，实用性较强，但因教材的编写是为了满足广大农民群众操作实践所需，并未追求知识的完整性和理论的递进关系，所以理论性较浅。培训教师在实际使用过程中尚需根据教学需要适当增加学术性或理论性的内容。

现在本套教材即将交付出版，将为基层农民的素质提升工程添砖加瓦，我们深感欣慰。由于时间仓促，编写者水平有限，在教材内容、体例以及文字表达等方面，肯定还有许多不足之处，恳请大家在使用过程中批评指正，以便再出版时加以修订。

教材编写组

2013 年 5 月 23 日